测绘科技应用丛书

U0638688

多源激光雷达数据集成技术及其应用

Integration and Applications of Multi-Source LiDAR Data

王国锋　许振辉　编著

测绘出版社

·北京·

内容简介

　　作者在多年从事多源数据融合科研和生产的基础上，将理论与实践结合，从基本知识入手，在本书中介绍了多源数据的概念、LiDAR 系统的组成、多源数据的获取、处理与融合、数据成果制作、质量控制等内容，并首重介绍了多源激光遥感技术在公路建设行业中的应用思路和应用案例。

　　本书以务实为原则，总结多源数据融合技术在公路勘测中的应用经验，深入挖掘其应用原理和关键技术，突出了实用性和可操作性，不仅可以作为测绘、规划、交通、林业、国土等行业的生产作业和应用开发人员的参考和指导用书，也可以作为各大专院校测绘相关专业及激光航测相关从业者的教材。

图书在版编目 (CIP) 数据

多源激光雷达数据集成技术及其应用 / 王国锋，许振辉
编著. —北京：测绘出版社，2012.11
（测绘科技应用丛书）
ISBN 978-7-5030-2530-3

Ⅰ. ①多… Ⅱ. ①王… ②许… Ⅲ. ①激光雷达—数据处理 Ⅳ. ①TN958.98

中国版本图书馆 CIP 数据核字 (2012) 第 258982 号

| 责任编辑 | 沈万君 | | 封面设计 | 李　伟 | | 责任校对 | 董玉珍 |

出版发行	测绘出版社	电　　话	010-83060872（发行部）
地　　址	北京市西城区三里河路 50 号		010-68531609（门市部）
邮政编码	100045		010-68531160（编辑部）
电子邮箱	smp@sinomaps.com	网　　址	www.chinasmp.com
印　　刷	北京建筑工业印刷厂	经　　销	新华书店
成品规格	169 mm × 239 mm		
印　　张	15	字　　数	294 千字
版　　次	2012 年 11 月第 1 版	印　　次	2012 年 11 月第 1 次印刷
印　　数	0001—3000	定　　价	48.00 元
书　　号	ISBN 978-7-5030-2530-3/P・565		

本书如有印装质量问题，请与我社门市部联系调换。

出版说明

　　《测绘科技应用丛书》是一套以先进的测绘科技应用为主题的丛书，其宗旨是对21世纪以来我国测绘科技在实际应用领域所取得的成就进行总结，整理成册，以期促进我国当代测绘科技应用技术和相关应用理论的科学发展，传播和积累有益于经济发展和社会进步的测绘科学技术，弘扬测绘文化，发挥科技图书应有的作用，着重反映当前我国测绘科技研究应用水平，丰富我国测绘科技应用的知识宝库。

前　言

激光雷达(light detection and ranging, LiDAR)技术是近年来发展迅速的对地观测系统，可快速获取地表的三维空间数据。其具有精度高、数据精细、速度快等特点，因此在 DEM 提取、城市建模、水体提取、道路提取、森林调查、沙尘监测等方面得到了广泛的应用。

根据载体的不同，用于工程建设的激光雷达设备可以分为机载激光、车载激光、地面激光等。不同载体的激光雷达具有不同的优势与劣势，为了充分利用各种激光雷达数据，充分发挥不同载体激光的效用，多源激光数据融合与集成势在必行，也是必然的发展趋势。

公路勘察设计常常被公路建设者誉为公路工程的灵魂，而公路勘察一般具有周期短、任务重、勘测难度大等特点。传统的勘察设计方法存在着劳动强度大、周期长、工序多等缺点，不能快速获取高精度、海量信息的地形数据成为制约公路勘察设计的主要瓶颈。集成激光扫描仪、GPS/INS 技术的激光雷达技术，能够穿透地表，直接得到高精度的三维地形点数据，为公路工程测量带来了一场新的变革。

本书共分七章，从多源激光雷达数据集成的技术研究及其在公路勘察设计中的应用两个部分展开讨论。第一章是概述，主要介绍了激光雷达的发展现状、特点、优势及应用前景，并分析了多源激光雷达在公路勘察设计中的作用；第二章首先详细介绍了激光扫描仪的工作原理，在此基础上分别系统地介绍了机载、车载、地面激光雷达系统的工作原理，最后详细分析了激光雷达定位原理；第三章分别对不同平台的激光雷达系统的数据采集进行分析，并详细介绍数据采集得到的数据格式，数据处理方面从数据预处理与后处理两方面出发，介绍了各个数据处理流程与注意事项；第四章探讨了多源激光雷达数据集成的方法，介绍了由激光雷达数据生产的数据成果及其制作方法，以及各种数据成果的应用；第五章从移动载体和静止载体两种不同载体出发，分析激光雷达系统的精度及其影响因子，并提出几种质量控制方法；第六章汇集了三个基于激光雷达系统而完成的公路勘察设计的工程应用案例；第七章分析了一般三维场景的关键技术与道路三维线形设计，并详细描述了道路线形设计的具体实现方法与数据接口的设计，最后分析了三维道路模型的构建方法。

由于时间及作者水平有限，书中难免有不足之处，恳请读者批评指正。

目　录

第 1 章　概　述..1

　　§ 1.1　激光雷达技术..1

　　§ 1.2　多源激光雷达数据集成技术与公路勘察设计.................12

第 2 章　激光雷达技术原理...21

　　§ 2.1　激光雷达系统测距原理...21

　　§ 2.2　激光雷达系统工作原理.......................................24

　　§ 2.3　激光雷达定位原理...34

第 3 章　激光雷达数据采集与处理.....................................43

　　§ 3.1　激光雷达数据采集...43

　　§ 3.2　激光雷达数据处理...60

第 4 章　多源激光雷达数据集成技术与应用.....................81

　　§ 4.1　多源激光雷达数据集成.......................................81

　　§ 4.2　数据成果的制作...90

　　§ 4.3　数据成果的应用...110

第 5 章　数据质量控制..127

　　§ 5.1　机载及车载激光雷达数据精度分析及质量控制..........127

　　§ 5.2　地面激光雷达数据精度分析及质量控制....................140

第 6 章　工程应用案例 **143**

　§ 6.1　京新高速甘肃明水至新疆哈密段机载激光应用案例 .. 143

　§ 6.2　西藏巴青至达麦公路车载激光应用案例 159

　§ 6.3　四川绵竹至茂县公路多源激光雷达数据集成

　　　　应用案例 170

第 7 章　道路智能化三维设计 **187**

　§ 7.1　三维场景关键技术 187

　§ 7.2　道路三维设计技术 191

　§ 7.3　数据接口设计 203

　§ 7.4　三维道路模型构建技术 209

后记 **221**

相关文献索引 **224**

Contents

Chapter 1   Introduction 1

§1.1   Technology of LiDAR 1

§1.2   The relationship between multi-source LiDAR integration technology
and highway reconnaissance design 12

Chapter 2   Principle of LiDAR Technology 21

§2.1   Principles of the laser ranging finder............................21

§2.2   Principles of the LiDAR system......................................24

§2.3   Position of LiDAR 34

Chapter 3   LiDAR Data Capture and Processing............................ 43

§3.1   Data capture of LiDAR 43

§3.2   Data processing of LiDAR...60

Chapter 4   Technology and Applications of Multi-source LiDAR
Data. 81

§4.1   Integration of multi-source LiDAR data 81

§4.2   Procedure of digital products 90

§4.3   Applications of digital products 110

Chapter 5   LiDAR Data Quality Control 127

§5.1   Precision analysis and quality control of the airborne and mobile LiDAR
data 127

§5.2   Precision analysis and quality control of the terrestrial LiDAR data......... 140

Chapter 6   Engineering Applications... 143

§6.1   Application of the airborne LiDAR on the G7 highway between Mingshui in
Gansu and Hami in Xinjiang.. 143

§6.2 Application of the mobile LiDAR on the road between Baqing and Damai in Xizang 159

§6.3 Application of multi-source LiDAR on the road between Mianzhu and Maoxian in Sichuan 170

Chapter 7 Three-dimensional Intelligent Road Design 187

§7.1 The key technology of the three-dimensional scene 187

§7.2 Technology of three-dimensional road design 191

§7.3 Data interface design 203

§7.4 Three-dimensional road model technology 209

Postscript 221

References 224

第1章 概 述

§1.1 激光雷达技术

激光雷达技术在快速获取地面三维信息这一应用方面的实验研究,始于20世纪60年代,80年代迅速发展,90年代以后不断成熟。我国从1990年开始逐渐引入激光雷达技术。近几年,从激光雷达系统的研制到激光雷达技术在各个行业的应用等方面都得到了迅猛的发展。

1.1.1 激光雷达技术的发展现状

激光雷达最早用于测高的技术应用,历程可以追溯到20世纪60年代,此后激光雷达的发展受到电子、计算机、高速和大容量存储等技术的很大推动。尤其是20世纪80年代动态差分全球定位系统(GPS)技术的发展和90年代GPS与惯性导航系统的成功集成,使得机载系统的定位精度大大提高,为机载激光雷达技术的实用化铺平了道路。机载激光雷达技术从1995年开始从实验室走向商用化和产业化。随着测量精度的不断提高,对该技术的应用从简单的距离测量发展到测距扫描成像。目前,美、加、德、奥等国家研制的激光雷达系统不仅在时间序列上可捕捉激光的回波信号,还能对其进行适度的量化分析,由此反演出的图像能更准确地反映被探测对象的真实状况,激光扫描成像技术即将实现。

独立或配合红外、可见光成像使用,冰盖监测、近海岸水深测量、森林资源调查、制作数字高程模型(digital elevation model, DEM)、城市规划测图等,是机载激光雷达扫描测高的典型应用。典型的应用系统有美国的GLRS、SHOALS、AOL/ATM、RASCAL和ABS,加拿大的LARSEN 500、ALTM 1025系列,德国的TopoSys,澳大利亚的WRELADS II和LADS。与常规机载遥感系统相比,机载激光雷达扫描测高技术具有独特的优势,这一技术目前已被广泛应用于大型项目工程进展的监测、军事应用;地面工作实施困难的滩涂、荒漠、无人区、岛礁的资源环境专题制图;经济发达地区资源环境的动态监测;地形勘察、道路规划、林业调查、高压线巡检和灾害评估以及城市建筑物三维地形等方面。

机载激光断面测量系统于1988年由德国斯图加特大学开始研究,1990年由阿克曼教授领头研制成功,显示了机载激光雷达技术的实用化潜力。随后,更多的学者和硬件制造商联合起来,不断提高设备的性能,在1993年德国首次出现了商用的机载激光雷达系统TopScan。随着差分GPS技术、单点精密定位技术以及惯性导航系统(inertial navigation system, INS)技术的快速发展,精度更高、体积更小的 LiDAR 设备层出不穷，各行业和应用单位也越来越重视 LiDAR 技术，成功的应用案例越来越多。业内很多大的公司也意识到这项技术的应用前景，纷纷投入其中。例如，Leica 公司收购了美国的 Azimuth 公司，以其 AeroSensor 设备为基础，利用自己在遥感行业的强大技术研发和应用能力，研制开发 LiDAR 设备，生产出 ALS60 等设备，在 LiDAR 设备制造商中占有重要地位。另外，天宝（Trimble）公司收购 TopoSYS 和 INS 的龙头企业 Applanix，并使用 Riegl 等公司的产品和技术生产 LiDAR 设备。这些行业巨头的加入，进一步提升了 LiDAR 技术的内涵和能力，拓宽了其使用范围，推动了技术的发展。目前，最新的 LiDAR 设备的发射频率能达到 200 kHz，扫描频率达到 100 Hz，平面精度达到分米级，高程精度达到厘米级，点云的密度和精度已经能够比较好地满足较大比例尺 DEM 的生产要求。

我国机载激光雷达硬件的研制工作起步较早，在 20 世纪 80 年代，在相关国家计划的支持下，目前我国中科院光电研究院、中科院上海技术物理所、浙江大学和中国科学院上海光机所等单位都在研制机载激光雷达系统，并取得了一些进展。中科院上海光机所就成功研制出采用 Nd:YAG 激光器的机载激光测高仪的原理样机；"九五"期间，中科院上海技术物理所研制出我国第一台机载激光扫描测距成像组合遥感器；1996 年，中科院遥感所李树楷教授研制出机载激光扫描测距成像系统，将激光测距仪与多光谱扫描成像仪共用一套光学系统，通过硬件实现 DEM 和遥感影像的匹配，直接获得地学编码影像。由于硬件等方面的原因，该系统的激光脚点密度较低，平面和高程精度也稍差，因而没有进入实用阶段；武汉大学的李清泉教授等研制出地面激光扫描测量系统，但没有与定位定向系统紧密集成，目前主要用于煤堆等大体积堆积物的测量。

LiDAR 市场的发展十分迅速，最近几年，LiDAR 硬件产品和数据产品的市场都以超过 30% 的年增长率在增长，一方面得益于空间信息产业的快速发展，另一方面也得益于 LiDAR 技术能力的不断提高。据统计，全球正在使用的 LiDAR 设备超过了 200 套，国内正在使用的 LiDAR 设备也超过了 20 套，这其中包括世界上所有的主流商业产品。近年来，我国一些测绘单位纷纷从国外引进相关机载激光雷达系统，用于商业运作及科学研究。例如，中国海监支队 2006 年引进 Leica 公司的 ALS50I，北京星天地信息科技有限公司 2006 年引进 Optech 公司的 ALTM3100，广西桂能信息工程公司 2006 年引进 Riegl 公司的 LiteMapper5600，武汉大学 2008 年引进 Leica 公司的 ALS50II，中国水电顾问集团成都勘测设计研究院 2008 年引进 Optech 公司的 ALTM Gemini，广州建通测绘技术开发有限公司 2008 年引进 TopoSYS 公司的 Harrier56，天津市勘察院星际空间地理信息工程有限公司 2009 年引进 Optech 公司的 ALTM Gemini，中交宇科（北京）空间信息技术有限公司 2009 年引进 Optech 公司的 ALTM Orion，铁道第三勘察设计院

集团有限公司 2009 年引进 Leica 公司的 ALS60，等等。此外，武汉、成都和天津等多家单位正在进行设备引进的工作。

数据处理方面，由于 LiDAR 数据主要是离散的密集三维坐标点，其数据的有效组织和管理、可视化渲染以及快速高效的分类处理等都是难点，这方面的研究从 LiDAR 设备诞生之始，已有几十年的历史。目前，已有很多比较有效和稳定成熟的方法，相应的商用软件也已出现。国内在这方面的研究也有近十年的历史，在快速检索、三维渲染、数据滤波、建筑物提取以及重建等方面都有较好的研究成果。国家对这些研究提供了很多支持，例如，自然基金支持了对星载大光斑 LiDAR 数据提取森林参数的研究。国家"863"计划"十一五"期间支持了机载激光雷达数据处理软件平台课题，经过三年的研究，开发出"机载 LiDAR 数据处理软件系统 ALD Pro V1.0"，实现了点云可视化、数据管理、滤波分类和配准融合等功能，可应用于测绘、数字城市和林业等项目，但是距离实用化和商用化还有漫长的道路要走。总体而言，机载激光雷达的硬件技术和硬件的集成等问题基本得到解决。相对于硬件技术的飞速进步，机载激光雷达数据处理软件的发展则相对滞后，数据处理过程中的诸多算法和模型还不够完善，国际上目前还没有非常成熟的机载激光雷达数据处理软件。激光雷达数据处理软件种类较少，一般由硬件厂商提供，在处理数据过程中需要大量的人工通过摸索来设置软件参数，自动化程度不高，处理结果很不稳定，质量随数据处理人员的经验和技巧有较大的波动。

在应用方面，机载激光雷达系统获得的主要数据是三维激光脚点坐标，这些数据构成了数字表面模型（digital surface model, DSM），再结合一些其他性质的信息，可应用于：生成数字高程模型（digital elevation model, DEM）、测绘地形图、绘制石油管道及电力线等专题图、对地面目标进行分类、自动提取高密度城市地区的房屋和道路、三维城市景观建模、虚拟现实、海岸地带地形测绘（包括沙丘和湿洼地）及监测海岸变化及动态侵蚀情况、城市规划、自然灾害三维实时监测、GIS 数据采集、土地剖面测量等。具体主要包括以下几个方面的应用。

（1）DEM 的获取

这是机载激光雷达技术的主要应用，也是基础应用。该应用通过一定的滤波算法，将 DSM 数据中的非地面点剔除，得到测区的 DEM 数据。这种方法在树林和建筑物密集的地区很有效，但因为采用的算法大多针对某种特殊的数据，并且要使用针对性的参数，因而不具有通用性。

（2）基础地理信息的获取

通过机载激光雷达技术获取的城市建筑物的三维数据可以用于构建 GIS 数据库和对已有数据库的地理数据进行变化检测和更新。目前，这一过程需要大量的人工干预。

（3）数字城市的建设

数字城市是"数字地球"的一个重要组成部分，其中，三维城市模型是关键，已被广泛运用于城市规划设计、建筑物景观模拟、通讯基站布网设计等领域。机载激光雷达数据本身就是高密度的精确三维数据，建筑物的三维重建比采用传统方式更容易，也比手工方式处理速度更快，具有很广阔的应用前景。

（4）绘制带状地形图

主要用于工程建设，包括公路线路图、输油管道图、电力线图的测绘等等。

（5）沿海地带的测绘

利用机载激光雷达系统测绘海岸线，对海岸侵蚀的情况进行监测，对沿海沙丘、堤坝、防护林状况的监测等等。

（6）灾害调查与环境监测

机载激光雷达测量具有快速、全天候和高精度的特点，可以在灾害发生后迅速获得灾害现场的具体情况，快速提供可靠的灾害损失数据，用于制定救灾方案和灾害评估。

（7）林业的应用

机载激光雷达技术在林业方面的应用是比较有效和成功的。利用激光所独有的穿透性，可得到森林地区准确的 DEM、树木的生长状态、木材的蓄积量等重要参数，这些数据为林业部门所需。

LiDAR 数据在以上应用方面的主要产品有数字高程模型、正射影像图（digital orthophoto map, DOM）、数字线划图（digital line graph, DLG）等。

同其他高新技术一样，机载激光雷达技术也将经历学者理论研究、实验室样机试验、商业化推广和大规模使用等阶段。当前该技术正处于大规模使用的前期阶段，主要特点是：能够提供质量稳定、精度满足要求的数据；技术发展快，数据种类、精度和质量提高快，商业设备产品更新换代快；只在个别部门有限使用，没有全面推广；只能提供有限的产品种类，产品的全面和深入应用还有待加强。

1.1.2 激光雷达技术的特点及优势

激光雷达技术作为一种通过位置、距离、角度等观测数据直接获取对象表面点的三维坐标的观测技术，在实际工程应用中，因其载体平台的不同，各具有不同的特点。设备可分为机载、车载和地面三种。

机载激光雷达系统集成了 GPS、IMU（惯性测量装置）、激光扫描仪、数码相机等部件，能快速提取地表信息；车载激光雷达系统同样集成了上述部件，主要用于获取道路表面及道路两侧临街地物的三维信息；地面激光雷达系统仅集成激光扫描仪与数码相机，特别适合地表复杂物体及细节的测量，主要用于建立精细模型。在各种激光雷达系统中，激光扫描仪的作用是利用返回的脉冲获取探测目标高精度的距离、坡度、粗糙度和反射率等信息，而数码相机的作用是获取探测目标的数字成像信息。经过地面的信息处理后生成逐个地面采样点的三维坐标，最后经过综合处理而得到沿一定条带地面区域的三维定位与成像结果，如高密度点云数据、高分辨率数字正射影像、各种数字地形模型、表面模型、大比例尺地形图等。

1. 激光雷达技术的特点

传统 DEM 制作主要依靠空中三角立体测量技术，依赖航空摄影、摄影处理、地面测量（空中三角测量）、立体测量、制图过程的生产模式，周期长，已经无法适应当前信息社会的需要。激光雷达技术对地面的探测能力有着强大的优势，具有空间与时间分辨率高、动态探测范围大、地面基站布设少、能够部分穿越树林遮挡、能直接获取真实地表的高精度三维信息等特点，是快速获取高精度地形信息的全新方法。图 1.1 为处理后的 LiDAR 点云，图 1.2 为同步获取的影像数据。

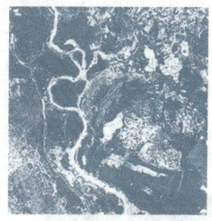

图 1.1　地面点云　　　　　图 1.2　同步获取的影像

如图 1.3 所示，将 LiDAR 点直接构建不规则三角网（trianglulated irregular network, TIN），用来构网的每一个点均由真实的 LiDAR 点云生成，无需内插，从而能更为准确地反映地表信息，大大提高道路勘察设计过程中土石方量的计算精度。在生成三角网的基础上，计算等值点，自动绘制等高线，如图 1.4 所示。该方法生成的等高线与地貌相符，可以生成用于道路设计的 1∶2000 地形图。

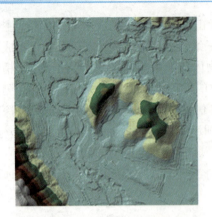

图 1.3　不规则三角网

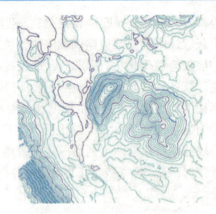

图 1.4　TIN 生成的等高线

2. 激光雷达技术的优势

（1）只需较少的地面控制点，更适合西部测图的需要

在 LiDAR 作业环境下，GPS 组件至少由两个地面基准站和一个空中流动站组成，通过数据采集和数据处理，确定飞机航迹的三维坐标，为航空测量提供瞬时测站坐标。机载 LiDAR 采用动态载波相位差分 GPS 系统，其中一台 GPS 与飞机上的 LiDAR 相连，两台基准站 GPS 接收机则同步而连续地观测 GPS 卫星信号，同时记录瞬间激光和数码相机开启脉冲的时间标记，通过载波相位测量差分定位技术处理后获取 LiDAR 的三维坐标。

鉴于 LiDAR 设备对基站间的理论布设间隔值有特别的要求，在测区布设 GPS 基站时，测区内相邻 GPS 基站的直线水平距离为 50 km，每个 GPS 基站的覆盖半径为 30 km，如图 1.5 所示为中交宇科（北京）空间信息技术有限公司在广西钦州至崇左线路工程中 LiDAR 数据采集所布设的 GPS 基站方案。该方案与传统摄影测量工作相比，减轻了地面控制的要求，只需较少的地面点便可以满足工程精度的要求，减轻了地面工作量，为西部测图或在缺少控制点的情况下进行灾后数据采集提供了可能。

图 1.5　地面基站的布设

（2）同时获取数字地形模型和数字地表模型

数字地形模型（digital terrain model，DTM），最初是为高速公路的自动设计提出来的。DEM 是一定范围内规则格网点的平面坐标（X，Y）及其高程（Z）的数据集，是 DTM 的一个分支。DSM 指包含了地表建筑物、桥梁和树木等高度的地面高程模型，在 DEM 的基础上，进一步涵盖了除地面以外的其他地表信息的高程。

如图 1.6 所示，DTM 是对纯粹的地球表面形态的描述，所描述的是除森林、建筑等一切自然或人工地物之外的地球表面构造，即纯地形形态。准确的地形地貌信息是人类活动所必备的基础信息，大到生态环境综合治理，小到建坝修路具体工程，乃至对于洪水、地震等自然灾害的预警预防，都必须以对地形地貌的充分分析为前提。由于地表往往被不同的地物所覆盖，精确的纯地形信息获取难度很高，正因为如此，高精度 DTM 获取技术对公路勘察设计十分重要，因为它更有利于后期精确的土方量算，由此可将工程成本预算控制在一定范围内。

DSM 则是对地球表面包括各类地物的综合描述（图 1.7），它关注的是地球表面土地利用的状况，即地物分布形态。DSM 同样是环境或城市管理的重要依据，通过对 DSM 的分析，可以及时地获取地表森林生长或城市发展的状况，在对植被破坏的面积、周边城市环境控制及重大道路灾害灾情分析、后期三维道路设计数据制作等方面，DSM 都可发挥重大的作用。

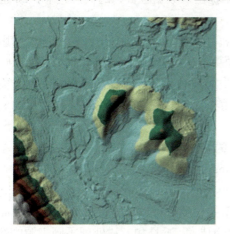
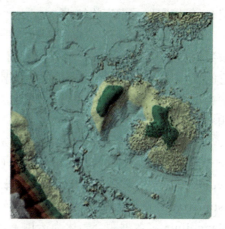

图 1.6　数字地形模型　　　　　　　　图 1.7　数字地表模型

（3）同步获取高分辨率影像

LiDAR 除可直接获得传统二维数据缺乏的高度信息的同时，还能利用高分辨率数码相机同步获取地面地物地貌的真彩色或红外数字影像信息，这可用于对生成 DEM 产品的质量进行评价。LiDAR 数据还可作为纹理数据源，或作为对目标进行分类识别的一种数据源，LiDAR 配套的 CCD（电荷耦合器件）数码相机可实现连续曝光，可设定参数或者自动测光拍摄，并能自动传输数字航片至存储控制计算机中。该相机为航空摄影专用量测型相机，具有严格的几何检校模型和参数，配备有接驳多种航摄附属仪器设备的标准接口，可以通过航线设计软件实现定点摄影，并具备快门动作瞬间输出信号功能，供计算机记录，以便与 IMU 配合，图 1.2 为 CCD 相机同步获取的影像数据。

1.1.3   多源激光雷达数据的集成与融合

随着现代激光和遥感技术的发展，各种对激光设备和对地观测卫星源源不断地提供各种不同空间、时间和波谱分辨率的图像和高程点数据。为了对观测目标有一个更加全面、清晰、准确的理解与认知，人们迫切希望寻求一种能综合利用各类影像和高程点数据的技术方法。多种信息融合便是这样一种信息处理技术，即对多源信息进行处理，以获得改善后的新信息，且不同源、不同精度和不同模型的数据的融合可降低生产成本，加快数据更新速度。与单源数据相比，多源数据所提供的信息具有冗余性、互补性和合作性。多源数据的冗余性表明它们对环境或目标的表示、描述或解译结果相同；互补性指信息来自不同的自由度且相互独立；合作性指不同传感器在观测和处理信息时对其他信息有依赖关系。为了从多源数据中获取更多的信息，美国学者最早提出"数据融合"的概念，并于 20 世纪 80 年代实现了相应的技术。

在空间信息领域，数据融合属于一种属性融合，它将同一地区的多源遥感影像数据加以智能化合成，产生比单一信息源更准确、更完全、更可靠的估计和判断。它的优点是运行的鲁棒性，可提高数据的空间及时间分辨率以及平面测图和分类的精度及可靠性，增强解译和动态监测的能力，减少模糊度，有效提高数据的利用率。

"多源数据融合"目前没有一个统一的定义。1991 年美国国防部把来自多个传感器和信息源的数据加以联合（association）、相关（correlation）和组合（combination），以获取精确的位置估计（position estimation）和身份估计（identity estimation），以及对战场情况和威胁及其重要程度进行适时的完整评价。1994 年 Mangolinin 将数据融合表述为运用一系列的技术、工具和方法处理不同来源的数据，使得数据的质量有所提高。1998 年 Wald 将数据融合定义一个形式上的框架，在此框架下表达融合的方式和工具，通过这些方式和工具将来自不同的源数据进行联合，其目的在于获取质量更好的信息，而质量的改善取决于应用。虽然表述各有不同，但形成的共识是：数据是信息的载体，数据融合的实质是对源自多传感器在不同时刻的目标信息和同一时刻的多目标信息的处理，是对数据的横向综合处理。

多源激光数据融合主要是进行空间配准,空间配准可分为平面配准和高程配准,主要方法是采用特征配准。特征配准是由各个数据源提取特征信息进行综合分析和处理的过程。

不同载体的激光数据精度不同,为了充分发挥不同载体激光数据的效用,充分利用各种激光数据,多源激光数据集成与融合势在必行,也是必然的发展趋势。

1.1.4　多源激光雷达数据与遥感数据的融合

1. 遥感数据的工程应用

遥感图像数据具有宏观性、真实性、全面性,可为我们提供可靠的地形地貌、地质构造和地物识别分析的依据,具有其他数据无可比拟的优势。遥感为地理信息系统(GIS)提供了丰富的信息源。对于工程勘察设计,特别是在地形、地质条件都很复杂的困难地区,高分辨率遥感影像具有较高的时间分辨率,能够保证不断获取具有良好时间序列性的空间数据,为地学研究提供有力支持。遥感技术在道路勘察设计中的应用主要体现在道路地形选线、地质调查、景观选线和路线优选等方面。

遥感（RS）技术应用于地质调查和道路地质勘测的历史,可追溯到 20 世纪 70 年代末期。当时,国外开展得较好的有日本、美国、欧共体、苏联等国。日本利用遥感图像编制了全国 1∶5 万地质灾害分布图;欧共体各国在大量滑坡、泥石流遥感调查基础上,对遥感技术方法进行了系统总结,指出了识别不同规模、不同亮度或对比度的滑坡和泥石流所需的遥感图像的空间分辨率;苏联在西伯利亚和远东地区的公路勘测中,使用航空像片判释可提高 2 ~ 3 倍的效率;在贝加尔至阿穆尔干线的腾达至乌尔加勒段 10 000 km 新线勘测中,由于采用了遥感技术,日工减少 40%,费用减少 20%,取得了较好的效果。

在道路景观选线方面,利用遥感进行交通走廊规划的概念从美国传向其他国家,在欧洲和北美,人们利用遥感手段对线性基础设施建设的生态学影响展开了大量的研究,利用遥感影像提取地形、植被、水体、色彩、邻近风景、稀有性和文化特征的变化情况 7 个景观因子,并建立了大量的景观评价模型,在项目走廊带及路线方案选定上,注重对资源环境的保护与和谐。

随着各种高新技术的出现和发展,国外发达国家已将 3S 技术（指 GIS、GPS、RS 三类技术）、三维可视化技术及虚拟技术应用到道路选线工作中。首先采用遥感信息的智能化识别和信息分类提取技术获取所需要的工程地质信息,结合 GIS 的空间分析功能将三维影像直接应用于路线方案的设计中,直观地进行路线平纵参数设计、工程量计算。

针对遥感在交通行业的应用，美国、英国、瑞典等国家已经把 GIS 技术引入到线路勘察及施工图设计阶段中，开发和推出了这方面的软件，比较著名的有英国的 MOSS 系统，美国的 FSPADD 公路、桥梁、建筑专家系统，日本的HICAD、RDCAD 系统，德国的 CARD1 系统等。这些系统均通过计算机模拟，建立多种分析、评价模型，制定并多次修订通行能力手册，为规划、设计提供理论依据、决策方法与分析手段。这些系统采用人机交互界面，以数字、图形等形式向决策者提供信息，决策者可以通过下拉式菜单对数据、模型和模型参数等进行设置和修改。这些软件在国外运用得比较成熟，但由于所构造的决策模型体系较为单一，大多数软件只能满足一定规模的路线决策，不能完全适合我国公路建设国情，且不符合中国规范、设计习惯和设计深度等，在国内难以得到很好的应用和推广。

2. 遥感数据和多源激光数据集成

高分辨率遥感数据的获取为建筑物信息的高效自动提取提供了可能。航空影像由于其分辨率高而成为建筑物提取处理过程中常用的数据源。但是，此类影像通常只在某时刻下覆盖某些选定区域，缺乏覆盖同一地区的多时相数据，这使得依此建立的建筑物数据库很难更新。高分辨率的商业卫星图像数据越来越多地用于建筑物提取，但提取精度在一定程度上受阴影、几何畸变等因素的影响。因此，本书介绍一种新的数据源——激光雷达数据，以解决采用单一遥感影像带来的问题。

激光雷达通过发射激光脉冲得到地表高度信息，其垂直和水平分辨率均比较高，可小于 1 m。

采用遥感数据和多源激光数据集成，可在一定程度上协调空间分辨率与时间分辨率的矛盾，有利于获取公路走廊带状范围内多尺度高精度、现势性强的空间数据。采用多源数据的集成，有如下优势：

1）利用遥感数据可获取区域内宏观地形地貌等地理特征，融合高精度的激光数据后，可获取区域内微观地形地貌特征，从而满足公路勘察设计中从工程许可、初步设计到详细设计的由粗到精的公路勘察设计过程。

2）利用遥感数据融合高精度点云数据，可辅助 LiDAR 点云数据分类、三维重建，可建立区域多级地形浏览模型。同时，利用遥感影像丰富的光谱信息，可获取路线走廊带范围内的地质和水文条件。

3. 遥感数据应用

表 1.1 列出了遥感信息在公路勘察设计中的应用情况，主要从几何分辨率、光谱分辨率、主要用途以及制图比例尺等几个方面来介绍。

表 1.1　应用于公路勘察设计的遥感信息

类型	图像种类	运营商	传感器	波段数	分辨率	用　途	使用阶段	制图比例尺
全色，可见光	Landsat-5	美国	四波段光机扫描仪 (MSS) 多光谱扫描仪 (TM)	11	MSS：80 m TM：15 m、30 m、120 m	中大比例尺制图，方案调查，工程地质应用，公路选线与勘察，水文及大型灾害调查	景观与规划阶段，可行性研究阶段，初步设计阶段，运营阶段	1：5万～1：10万，局部 1：1 万
	SPOT-5	法国	高分辨率几何装置 (HRG) 高分辨率立体成像 (HRS) 植被探测器 (VEGETATION)	5	全色：2.5 m、5 m 多光谱：10 m、20 m 植被：1000 m	中大比例尺制图，工程地质应用，灾害调查，初步勘察，中大比例尺地形测图	景观与规划阶段，可行性研究阶段，初步设计阶段，运营阶段	1：2.5万～1：5万，局部 1：1 万
	QuickBird	美国	可见光~近红外 + 全色	5	全色：0.61～0.72 m 多光谱：2.44～2.88 m	大比例尺遥感制图，灾害调查，初步至详细勘察，大比例尺地形测图，获取 DEM 数据	可行性研究阶段，初步设计阶段，施工图设计阶段	1：2000～1：1 万
	WorldView-II	美国	可见光~近红外 + 全色 + 海岸	8	全色：0.46 m 多光谱：1.8 m	大比例尺遥感制图，灾害调查，初步至详细勘察，大比例尺地形测图，获取 DEM 数据，大气监测	可行性研究阶段，初步设计阶段，施工图设计阶段	1：2000～1：1 万
	Geoeye-I	美国	可见光~近红外 + 全色	5	全色：0.41 m 多光谱：1.65 m	大比例尺遥感制图，灾害调查，初步至详细勘察，大比例尺地形测图，获取 DEM 数据，大气监测	可行性研究阶段，初步设计阶段，施工图设计阶段	1：2000～1：1 万
	CBERS-02B	中国	可见光~近红外 + 全色	8	全色：2.36 m 多光谱：19.5 m	中大比例尺制图，方案调查，区域地质工程勘察，公路选线与勘察，水文及大型灾害调查	景观规划阶段，可行性研究阶段，初步设计阶段，运营阶段	1：3万～1：5万，局部 1：1 万～1：2 万
高光谱	Terra	美国	MODIS 中分辨率成像光谱仪	36	250 m	规划景观，大气污染监测，路网管理	景观规划阶段，可行性研究阶段，公路运营管理	1：70 万
	EO-1	美国	Hyperion 成像光谱仪	242	30 m	车辆调查，交通量监控，路网管理	景观规划阶段，可行性研究阶段，公路运管阶段	1：30 万
	ENVISAT-1	欧洲	MERIS 中等分辨率成像频谱仪	15	300 m	海洋和海岸带的水色监测		1：300 万
	HJ 1	中国	HSI 空间调制型干涉高光谱成像仪	128	100 m	环境监测，灾害监测	景观规划阶段，可行性研究阶段，公路运管阶段	1：100 万
雷达	RADARSAT-2	加拿大	C-SAR	2	3 m、28 m	路基形变监测，路面形变监测	公路运管阶段，公路养护阶段	1：5万 1：25 万
	ENVISAT-1	欧洲	ASAR C-波段	2	12.5 m	路基形变监测，路面形变监测	公路运管阶段，公路养护阶段	1：5万
	TerraSAR-X	德国	X-波段 L-波段	2	1 m、9 m	路基形变监测，路面形变监测	公路运管阶段，公路养护阶段	1：1万 1：10 万

1.1.5 多源激光雷达数据的应用前景

从未来的发展来看，机载激光雷达技术具有更大的发展潜力，它是一种新技术，特别是在数据处理算法以及软件和系统的开发方面还有许多发展空间。随着用户数量的增加，机载激光雷达技术的应用领域将越来越广，激光技术的进一步发展，必将促进机载激光雷达测量技术的革新。如星载激光对地观测，包括军事方面的应用，这要求提高激光的测距和成像能力。系统还要能记录激光回波信号的特型参数（振幅、极性、相位、频移及垂直轮廓等），以大大提高机载激光雷达测量时对物体分类和识别的能力。目前乃至将来一段时间，部分作业将由激光雷达测量取代摄影测量。未来的发展方向是多种传感器的高度集成和多源数据的融合处理，从而提高数据分类和物体识别能力。激光雷达测量系统与被动光学传感器以及 GPS/INS 系统的集成，将给整个摄影测量领域带来一场新的技术革命。

就公路勘察设计而言，机载激光雷达技术应用已经取得了初步的成果。针对公路勘察设计周期短、任务重的特点，机载激光雷达能够快速提供成果产品，大大缩短工程周期，减少人员、设备的投入；针对高速公路高标准、高精度的勘察设计要求，机载激光雷达能够提供丰富、准确的信息；针对既有线提速上线作业困难等问题，机载激光雷达技术的非接触测量也体现了较大的优势，有必要作更加深入的研究；针对森林茂密的地区，机载激光雷达的波形分解技术能够提供更多的细节，对于减少森林的破坏、降低勘测任务难度都有重要的意义。

可见，激光雷达技术是基础地形数据获取的理想手段，该技术的广泛应用可以有效保证勘察设计的质量和工期，减少资源投入和排放，节省大量能源，可贯穿应用于公路建设管理的各个阶段，服务于公路现代化建设事业，推动公路勘察设计技术进步，其应用前景十分广阔。

§1.2 多源激光雷达数据集成技术与公路勘察设计

公路交通网络作为国家的重要基础设施，其建设与完善与国民经济的持续健康发展密切相关。

勘察设计工作常常被誉为公路工程的灵魂。勘测、勘察是设计的起始，也是设计的基础及依据。从初测到定测，由初步设计至施工图设计，勘测的深入过程就是项目设计的细化过程。随着勘测工作的不断深入、细化，结合自然条件、地形、地物及勘察成果，工程的线位、走向也逐渐完善。勘测工作经过分析、整理、复查，为设计工作提供必需的图纸、地形等资料。一般而言，公路勘测项目周期短、任务重、地形复杂，勘测难度非常大。如何快速获取高精度、海量信息的地形数据

成为制约公路勘察设计质量和进度的主要瓶颈。一方面，高标准的公路建设对勘测质量和勘测效率提出了更高的要求，勘测手段、勘测方法由此需要不断的更新；另一方面，随着科学技术的不断进步，勘测手段也将发生日新月异的变化。

1.2.1　公路勘察设计发展的现状及特点

1. 公路勘察设计发展现状

公路是交通体系的骨干，交通运输是国民经济的命脉。当今世界，无论中外，公路网仍然是最重要的交通网络。交通运输作为我国的基础产业，在改革开放以后发展迅速，综合交通网络规模不断扩大，但我国交通运输业无论在路网密度、运输能力还是技术装备等方面，与世界先进水平相比均存在较大差距，全面建设小康与和谐社会，不仅需要加快我国交通运输路网的建设速度，还需要加强交通运输技术的创新力度，切实提高运输技术装备水平。作为国家重要基础设施，交通网络的建设与完善与国民经济的持续健康发展密切相关。到 2010 年，我国综合交通网规模达到 260 万千米，其中公路达到 230 万千米（以上均不包括等级外公路），基本完成了总长 35 000 千米的"五纵七横"国道主干线，高等级公路特别是高速公路越来越成为建设重点。

目前公路建设事业飞速发展，特别是高标准的高速公路正在加紧建设。公路勘察作为公路设计的起始，也是公路设计的基础和依据，为公路设计提供了方案沿线的水文地质及工程地质资料。可以毫不夸张地说，一个优良的设计成果必须依托于扎实细致的勘察工作。勘察工作能在最起点处控制住设计的质量，使业主的"三大控制"从源头开始即能得到保障。勘察工作做好了等于整个工程设计成功了一半。

传统公路勘察主要采用航空摄影测量技术和地面实测手段来获取地面三维数字信息，需要完成领空权申请、航带设计、航空摄影、外业像片控制测量与外业调绘、内业数字化成图等工序。整个工作过程受人为因素和气候的影响比较大，存在着劳动强度大、周期长、工序多等缺点，也不能从根本上解决公路带状走廊的植被覆盖问题，致使航空摄影测量的精度受到一定的局限，限制了测量数据在公路勘察初测阶段和定测阶段的应用，成为大规模工程建设获取基础数据的重要"瓶颈"。

如何采用最合适的勘测手段和技术，快速获取、应用好成果数据，为公路勘察设计提供更好的基础数据是目前摆在人们面前的一个关键难题。

2. 传统公路勘察设计特点

公路勘察设计是一项多专业、多学科的综合设计技术，主要包括：测绘、线路、站场、桥梁、地质、路基、隧道、通信、信号、电气化、行车等二十多个专业。每个公路建设项目的勘察设计都需要几乎全部专业的协同工作，测绘专业的主要工作是将测绘成果加工成各专业所需的信息，并分发到各个专业，以便各专业开展设计工作。

公路线路为带状分布，线路长度一般较长，特别是跨越多省的国家重点项目，线路动辄几百千米，甚至上千千米，因此，勘测成果数据量非常庞大。且不适于采用国家标准分幅，为便于管理、设计和减小数据冗余，公路项目一般按线路走向采用带状分幅，而不采用国家标准分幅。同时，由于公路带状分布的特点，在建立控制网时需经过分带，且需选择合适的基准面和投影方式，保证其投影变形控制在合理的范围之内。这些都增大了公路项目勘测的难度。

另外，很多公路穿越荒无人烟的地区，这些地区常常是艰险山区、沼泽地或植被茂密的森林，不论采取传统的地面勘测手段，还是航空摄影方式，都给勘测工作带来了巨大的困难。

公路项目的勘察设计周期相对较长，特别是高等级公路，从最初的方案规划到最后的施工图设计，一般都要历经一年以上。每个阶段对勘测成果形式、精度等都有不同的要求。公路勘察设计是一个从宏观到微观，逐步深入、完善的过程，从最初的方案规划到详细的施工图设计，每个阶段需要对应不同精度等级和不同比例尺的勘测成果，因此，造成了勘测成果的多样性。例如在初测阶段要求布设路线控制网并施测地形图，而大型构造物的具体位置则要等到施工图设计阶段才能确定。另外，公路控制测量的指标主要是从地形图测绘精度和施工测量精度这两方面来考虑的。公路控制测量不仅要解决从球面到平面的计算基准问题，同时还要考虑公路施工时如何将理论数据从平面经参考椭球再放回到地球表面的问题。公路勘测的最终目标是得到一个合理的路线方案，并在施工阶段放样到原地，这与一般测绘目的最终是为了得到空间坐标和附属物属性数据是有很大区别的。

1.2.2　测绘在公路勘察设计中的作用

1. 测量是公路勘察设计的基础

要得到高精度的勘测数据，满足在公路勘察的初测和定测两阶段的测量数据应用的要求，基础数据的获取成为大规模工程建设的"瓶颈"。自工程测量出现以来，减少外业工作量、提高工作效率、提升成果精度的作业技术和方法一直是测量过程中人们不懈追求的目标。航空摄影测量方法的出现使工程测量的作业效率大大提高，迅速成为大面积工程测量的首选方法。随后，GPS 辅助摄影测量又大大减少了航测外业像片控制测量的工作量，为工程单位广泛采用。但受人为因素和气候的影响，摄影测量方法普遍存在劳动强度大、周期长、工序多等缺点，且无法从根本上解决公路带状走廊范围内由于植被覆盖带来的问题，因而在工程勘察设计中的应用受到了一定的限制。如今，集成激光测距、GPS/INS 技术的 LiDAR 技术能够穿透地表，直接得到高精度的三维地形点数据，成为众多工程单位广泛关注的新型测量方法，为工程测量带来一场新的变革。

2. 公路勘察设计对基础测绘数据的需求

公路勘测是公路工程设计的基础，而公路工程设计又是施工的依据和基础，公路勘测的好坏对整个公路建设质量起着决定性的作用。因此在公路勘测中，必须深入全面地进行调查研究，实事求是，精心勘测，以保证设计文件的高质量，为施工奠定坚实的基础。公路勘测主要分为初测和定测两个阶段，每个阶段所获得的基础测绘数据的类别和精度要求都不甚一致，下面分别说明。

大中型公路建设工程在项目决策阶段要开展工程可行性研究（即工可研究），在施工阶段则要开展初步设计和施工图设计。

工可研究阶段初期需对线路方案进行规划，确定航飞线路的走廊带，对数据精度要求较低，一般需精度较低的地形图和 DEM 即可，成果主要是 1∶5000 至 1∶1 万的地形图。

正式工可研究阶段主要是开展初测工作，即确定建设工期和投资估算，论证项目建设的可行性。主要有航测外业控制测量、航测成图及相关专业测量工作，主要成果是 1∶2000 的地形图。

初步设计阶段主要是对工可方案中认为有价值的路线进行控制测量和地形测量，即开展初测工作，将路线位置标定到实地，并进行必要的中桩、中平、横断面测量和交叉位置、高程测量，以满足各种专业勘测、调查的需要，成果主要包括各种中桩测量和横断面测量数据。

施工设计是在工可研究和初测的基础上作进一步的具体和深化，开展定测工作。主要包括详细的中线测量、横断面测量、中平测量以及各种专业勘测，提供施工图所需要的资料。

公路设计任务主要是对路线方案作进一步的核查落实，并进行导线、高程、地形、桥梁、涵洞、隧道、路线交叉和其他资料的测量、调查工作，并进行纸上定线和有关的内业工作。

所需的测绘资料有提前测量资料、地形图、技术标准和规范、相关测量数据以及提交的成果等。

（1）控制测量资料

1）公路平面和高程控制测量包括路线、桥梁、隧道及其他大型建筑物的控制测量。平面控制网的布设应符合"因地制宜、技术先进、经济合理、确保质量"的原则。

2）路线平面控制网是公路平面控制测量的主控制网，沿线各种工点平面控制网应联系于主控制网上。主控制网宜全线贯通，统一平差。

3）路线高程控制测量。同一条公路应采用同一个高程系统，若不能采用同一个系统时，应给定高程系统的转换关系。

（2）地形图

1）可利用国家或其他有关部门所测绘的地形图，使用时应注意现场核查，对有变化的地形地物进行补测。

2）高速公路和一级公路采用分离式路基时，地形图测绘宽度应覆盖两条分离路线及中间带的全部地形；当两条路线相距很远或中间带为大河或高山时，中间地带的地形可不测。

（3）技术标准和规范

正确掌握和运用技术标准，根据各类地形特点，结合人工构造物的布设，进行路线平、纵、横面的协调布置，定出合理的线位，然后根据《公路勘测规范》（JTG C10－2007）中各种地形的定线要点和放坡点进行布线，进行中桩、水准、横断面和地形线等测量。

（4）其他勘测资料

路基、路面及排水勘测调查；小桥涵勘测；大中桥勘测；隧道勘测；路线交叉勘测与调查；沿线设施勘测与调查；环境保护勘测与调查；沿线筑路材料调查；渡口码头勘测与调查；改移公路、铺道、连接线的勘测与调查；占用地、拆迁建筑、建筑物调查；临时工程调查；伐树、挖根、除草的调查。

（5）应提交的成果

各种调查、勘测原始记录及检验资料；纸上定线或移线成果与方案比较资料；各种构造物设计方案及计算资料；路基、路面、桥梁、交叉、隧道等工程设计方案图及比较方案图；沿线设施、环境保护、筑路材料等设计方案；平纵面缩图、主要技术指标表、勘测报告等。

3．公路勘察设计常用的测量技术

公路勘察设计常用的测量技术主要有控制测量和地形测量技术，其中，控制测量包括平面控制测量和高程控制测量。

（1）控制测量

在高速公路的勘察设计过程中，首先根据工可设计确定的路线方案，制定航飞的走廊带，进行 1∶2000 的航测成图。同时进行全路段的四等和一级导线控制测量，根据《公路勘测规范》，一般在每 4 km 布设一对四等控制点，然后再进行一级导线加密测量。由于在工可设计阶段有许多重要构造物如特长隧道、特大桥其具体位置暂时无法准确定位，或者虽然已确定，但随着设计工作的逐步深入，也可能需要变更局部设计。因此在施工图设计阶段，为了满足施工放样精度的要求，必须在这些重要构造物范围内再进行三、四等的独立高等级控制测量。

1）平面控制网。公路工程平面控制网按照工作阶段可以分为勘测设计控制网、施工控制网、运营维护控制网；按照工程的不同可以分为线路控制网、桥梁控制网、隧道控制网；按照公路标准的不同也可分为高速公路控制网和普通公路控制网等。平面控制网精度等级：卫星定位测量依次为一、二、三、四、五等，导线测量依次

为二、三、四等和一、二级，三角形网依次为二、三、四等。公路平面控制网可以采用卫星定位测量、导线测量和三角形网测量等方法进行施测。

2）高程控制网。高程控制网精度按公路等级依次划分为二、三、四等。同一公路项目应采用同一高程系统。高程控制网一般按照"全线一次布网测量"的原则布设，一般沿公路线位每 1 km 布设一个水准基点。水准路线一般每 150 km（最长不应超过 400 km），应与国家一、二等水准点联测。高程控制网宜采用水准测量或三角高程测量的方法进行。山岭、沼泽及水网地区水准测量有困难时，三等及以下的高程控制测量可以采用光电测距三角高程测量，二等高程控制测量可采用精密光电测距三角高程测量。

3）现阶段常用的控制测量手段有：水准仪和经纬仪测量、全站仪测量、GPS 测量、GPS-RTK 测量。

● 利用水准仪提供的"水平视线"测量两点间高差，从而由已知点高程推算出未知点高程。而利用经纬仪主要是测量两点之间的水平角和竖直角，从而根据已知点测量待测点的平面坐标和高程坐标。采用这些传统的大地测量、工程控制测量来施测，不仅费工费时，要求点间通视，而且测量精度分布不均匀，且在外业不知精度如何。采用常规的 GPS 静态测量、快速静态、伪动态方法，在外业测设过程中不能实时知道定位精度，因此测设完成回到内业处理时如果发现精度不合要求，还得返测。

● 20 世纪 80 年代以后出现了许多先进的地面测量仪器，为工程测量提供了先进的技术工具和手段。这些先进的地面测量仪器如光电测距仪、精密测距仪、电子经纬仪、全站仪、电子水准仪、数字水准仪、激光准直仪、激光扫平仪等，为工程测量向现代化、自动化、数字化方向发展创造了有利的条件，改变了传统的工程控制网布网、地形测量、道路测量和施工测量等作业方法。三边网、边角网、测距导线网替代三角网，光电测距三角高程测量代替三四等水准测量，具有自动跟踪和连续显示功能的测距仪用于施工放样测量，无需棱镜的测距仪解决了难以攀登和无法到达的测量点的测距工作，电子速测仪为细部测量提供了理想的仪器，精密测距仪的应用代替了传统的基线丈量。在许多地形测量项目中，光电测距导线早已成为一种最基本的控制测量方法。特别是当使用全站仪时，可以将低等级的图根控制与细部地形测量同步进行，从而提高总体作业效率。

● 使用 GPS 技术可以一次性确定被测对象的三维坐标，具有高速度、高精度、费用省、操作简单的特点，在线路勘测过程中，与采用传统的导线测量和三角测量进行控制测量相比，具有无可比拟的优势。比如，测站之间无需通视，GPS 这一特点，使得选点更加灵活方便；定位精度高，一般双频 GPS 接收机基线解算精度为 5 mm，而红外仪标称精度为 5 mm，GPS 测量精度与红外仪相当，但随着距离的增大，GPS 测量的优越性逐渐突出，大量实验证明，在小于 50 km 的基线上，其相对定位精度可达 $12×10^{-6}$ km，而在 100 ~ 500 km 的基线上的定位精度可达 10^{-6} ~ 10^{-7} km；观测时间短，在小于 20 km 的短基线上，GPS 快速相对定位一般只需 5 分钟的观测时间即可；提供三维坐标；GPS 测量在精确测定观测站平面位置的同时，可以精确测定观测站的大地高程；操作简便，测量员的主要任务是安装并开关仪器、量取仪器高和监视仪器的工作状态，而其他观测工作如卫星的捕获、跟踪观测等均由仪器自动完成；全天候作业，GPS 观测可在任何地点、任何时间连续进行，一般不受天气状况的影响。GPS 测量正在逐步取代以测角、测距、测水准为主体的常规地面定位技术，已成为建立平面控制网的一种常用手段，随着差分 GPS 定位技术的发展与应用，将广泛使用于高等级的首级网和加密网，甚至图根点和航空摄影测量像控点的测定。

● 采用 GPS-RTK 技术能动态显示经可靠性检验的厘米级测量成果，彻底摆脱了由于粗差造成的返工，提高了 GPS 的作业效率。RTK 技术是以载波相位观测为根据的实时差分测量技术，是 GPS 测量技术发展的一个新突破，在高速公路测量工程中具有广阔的应用前景。RTK 的原理是在精度较高的首级控制点上安置一台 GPS 接收机，对其连续观测并将观测数据通过发射台实时发送给流动观测站。在流动的 GPS 观测站上接收到基站传送的数据后，实时计算出流动站的三维坐标和测量精度。RTK 定位技术需要在两台 GPS 接收机间增设一套无线数字通讯系统，将两个相对独立的 GPS 信息接收系统连成有机整体。

（2）地形测量

航空摄影测量是利用航空飞行器获取影像来进行的摄影测量，即根据航空飞行器拍摄的航空像片来获取地面信息，测绘地形图。在公路工程上主要用于测绘 1：500 ~ 1：10 000 各级比例尺的地形图。

航空摄影测量经历了模拟摄影测量、解析摄影测量和数字摄影测量三个阶段。在模拟摄影测量阶段，基本上都是用光学、机械或光学机械等模拟方法来重建或恢复与摄影时相似的几何关系，即用模拟方法实现摄影光束的几何反转；解析摄影测量是以计算机为主要手段，通过对摄影像片的量测和解析计算方法的交会方式来测绘地形图；数字摄影测量，是从摄影测量所获取的信息中采集数字化的图形或影像，进行各种计算机数字处理，从而制作出数字地形图，目前大多采用这种方法。

采用航空摄影测量方法测绘地形图主要包括以下几个步骤。

1）航空摄影。将航空摄影机（又称航摄仪）安装在飞机或其他航空载体上，对地面进行连续摄影，获得航摄相片，航摄相片是航空摄影测量的基本资料。公路航空摄影测量包含的内容有：航带设计及摄影前的准备工作、空中摄影、摄影处理、航空摄影质量评定。

2）外业控制测量。以已知的高等级控制点为基准，在实地测定航测内业加密或测图所需的控制点的平面位置和高程的工作，称为外业控制测量，外业控制

点的平面和高程测定一般采用 GPS 技术。在航测成图中,无论采用哪种测量方法,在一个立体像对范围内都需要一定数量的控制点。这些控制点可以全部在野外实测,也可以在野外只测量少数控制点,然后在室内利用解析空中三角测量加密出内业测图控制点。除进行大比例尺测图或工点成图所需的控制点采用全部在外业实测外（全野外控制测量）,在大多数情况下,只在野外测量必需的控制点,以它们为依据,在室内利用解析空中三角测量方法,加密出测图所需的全部控制点。

3）相片调绘。航摄相片真实地记录了地面上的大量信息,不仅有丰富的地形图要素,还包含多种专业信息,如地质、水文等信息。相片调绘就是通过对相片的判读和实地调查,将地物、地貌等各种地形图要素按规定的符号绘制在相片上,供内业测图使用。相片调绘包括准备工作(绘制调绘范围和室内判读)、实地调绘、室内整饰接边等。

4）数字影像的获取。数字影像可通过航摄底片影像扫描或直接通过数字摄影仪来获取。影像质量以灰度曲线呈正态分布为最佳,根据项目的成图比例尺、相片比例尺来确定扫描分辨率或地面分辨率,存储的数据格式要统一。

5）空三加密。空三加密就是利用航空摄影影像与所摄目标之间的空间几何关系,根据少量像片控制点,计算出像片外方位元素和其他待求点的平面、高程的测量方法。现在一般采用全数字摄影测量工作站进行空三加密工作,其基本原理与解析摄影测量相同。数字摄影测量利用影像匹配替代人工转刺,可极大地提高空三加密的效率,避免粗差,提高精度。

6）地形图数据采集。通过对相片内定向、相对定向和绝对定向建立立体模型。定向完成后,输入测图比例尺等信息开始数据采集,一般以一个或几个模型为单元存储成统一数据格式。数据采集原则是"外业定性,内业定位"。当外业调绘确有错误时,内业可根据立体模型进行纠正,并在调绘片背面加以说明。采集的地物、地貌元素应做到无错漏、不变形、不移位。

7）地形图编辑。首先将采集的数据文件转换成图形编辑所需的数据格式,根据技术设计书以及外业调绘片对采集的数据进行编辑,按照地形图的属性进行分层,使用地形图规定的各种符号、数字及文字进行注记。然后将编辑完成的图形文件与相邻图形文件进行接边处理,接边后按照规定的图幅分幅,最后输出地形图成果。

1.2.3　多源激光雷达数据集成技术与传统勘测技术的比较

传统地形图的内容主要是等高线和地物,经综合取舍之后,大量的地貌地形细节无法体现出来,而且设计软件中 DEM 构建通常采用等高线数据,精度有较大损失,再次选线工作也是在纸上完成。LiDAR 在地形测图方面的应用非常广泛。德国一个研究机构对 LiDAR 和立体摄影测量方法测图进行了比较,结果表明,LiDAR 所获得的地形数据等于或优于立体摄影测量方法所得到的结果,而且

LiDAR 所需的处理时间和总体费用要大大低于立体摄影测量方法。测图界越来越达成一个共识，那就是 LiDAR 将成为除传统技术外获取 DEM 和 DTM 的另一种选择，它的垂直精度能够达到 15 ~ 100 cm。采用 LiDAR 技术，从传统的单一线划图到卫星影像图、DEM、DOM 及 DLG 等，信息量越来越大，集成度越来越高，实现了各专业的协同作业和资料的高度共享，为推动勘察设计手段的更新打下了良好的基础。不仅初测、定测使用同一套高精度数据设计人员可以直接将点云数据导入传统的设计软件，对于横断面的测量也由传统的外业测量发展到真三维模型上自由截取断面数据，作业流程大大缩减。美国的交通部门在遍及美国的很多基础设施工程中就大面积地采用 LiDAR 数据。LiDAR 数据用于描述裸地 DTM 上的现有结构，与工程设计图相结合产生工程的三维透视图，这种三维透视图可以首先被当地的全体工程人员观察和评估，以三维的形式在公共会议上进行演示。在这样的背景下，中交宇科（北京）空间信息技术有限公司结合前期应用 LiDAR 设备采集而制作的高精度真实三维地面模型，研制出适于此模型使用的自动选线系统，该系统不仅可以对设计数据进行多方案比选，其最大的优势在于可以自动生成多种比选方案，供设计人员灵活选择。这种作业方式更利于提高路线设计在初步选线过程中的作业效率，提高自动化设计程度，降低设计人员在设计路线时经验因素在整个设计过程中所占的比重，极大程度地发挥电脑辅助设计的自动化程度及设计方案的最优化处理，与此同时更好地发挥出 LiDAR 数据在公路勘察设计中高精度的优势。

作为一种新兴的技术，机载激光雷达成果还没有成熟的专业接口，如何将机载激光雷达勘测成果与众多设计专业手段无缝结合，从海量基础信息中快速提取或检索有用的信息为各专业设计所用，是机载激光雷达技术应用于公路勘察设计的关键。

表 1.2　机载激光雷达测量技术与航空摄影测量技术对照

对比项目	机载激光雷达测量技术	航空摄影测量技术
航飞条件	主动式测量，对天气要求一般	被动式测量，对天气要求较高
飞行计划	飞行计划相对复杂，要求苛刻	飞行计划相对简单
成像原理	极坐标集合定位原理	透视几何原理
传感器类型	可供选择的传感器类型少	可利用的传感器类型多
数据类型	激光点云数据、数码影像	能获取高质量的灰度影像或多光谱数据
采样方式	逐点采样	采样覆盖整个摄影区域
技术成熟度	新技术需不断发展，具有很大发展潜力	软硬件水平已趋于成熟
数据处理	容易实现数据处理自动化	数据处理自动化程度低，特别是处理航片时需要人工干预
提交成果	直接得到数码影像、点云数据，地表 DEM，分层后的 DSM、DOM 数据	扫描或直接得到数码影像，立体采集 DLG，立体像对生成 DEM、DOM 数据

第2章　激光雷达技术原理

激光雷达测量技术的基本原理是将激光脉冲测距仪放置在扫描平台上，记录激光脉冲从发射到被地面目标反射回来后的时间延迟，然后再乘以光速 c，从而得到发射点到地面反射点的斜距，再联合 INS 确定的姿态信息、GPS 测定的扫描平台精确位置信息，即可求出每个激光脚点精确的三维空间直角坐标 (X, Y, Z)。激光扫描技术就是在激光脉冲测距原理的基础上，采用非接触主动测量的方式快速获取物体表面大量采样点的空间三维坐标。根据平台的不同，激光扫描技术主要有机载 LiDAR、车载 LiDAR 和地面 LiDAR 三大系统，是目前生产 DTM 等一系列产品的主要设备。激光扫描获取的原始数据主要是点云数据和波形数据，如果在激光扫描系统上搭载数码相机还可以同步获取影像数据。

§2.1　激光雷达系统测距原理

激光雷达测距系统主要包括激光脉冲测距系统、光电扫描系统及控制处理系统。测距的基本原理是利用光波在空气中的传播速度与在被测距离上往返的时间来求得距离值。

设光波在某一段距离上往返传播的时间为 t，则待测距离 R 可表示为

$$R = \frac{1}{2}ct \tag{2.1}$$

式中，c 为光波在真空中的传播速度，约为 300 000 km/s。可见，只要精确地测出传播时间 t，就能够求出距离。

具体的实现方法有两种：脉冲测距和相位测距。脉冲测距是测距仪直接测量激光脉冲在测距仪和目标之间往返所需要的时间，进而得到激光器与地物点间的斜距。相位测量通过测量激光器的发射波和反射波之间的相位差来确定激光器与目标之间的距离。大部分机载激光测距系统都采用脉冲测距的方法进行距离测量。

2.1.1　脉冲激光测距原理

脉冲法测距的基本原理是：激光器向目标发射一束窄脉冲，通过测量脉冲从发射到被目标反射返回后由系统接收所经历的时间来计算目标到激光器的距离（图 2.1）。目标到激光器的距离可以由式（2.1）计算得出。由式（2.1）微分可以得到测距分辨率为

$$\Delta R = \frac{1}{2}c\Delta t \tag{2.2}$$

由上式可以看出，距离分辨率 ΔR 取决于 Δt，也就是计时器的测量精度。

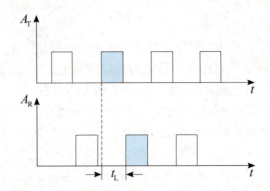

图 2.1　激光脉冲测距原理（ A_T 为发射信号，A_R 为反射信号）

脉冲发射激光器通常是在一束激光脉冲发射出去，遇到目标反射，由激光接收机接收之后，再发射另一束激光。因此，为避免发射到最远目标的激光束还未返回就发射下一束激光，需要考虑最大量测距离。

最大距离 R_{max} 为

$$R_{max} = \frac{1}{2}ct_{max} \tag{2.3}$$

由此可见，脉冲激光器的最大测量距离取决于脉冲的发射率。脉冲发射率指一秒钟内所能发射激光束的次数，决定了两束脉冲激光之间的时间间隔，并由此确定最大量测距离。例如，对于发射频率为 200 kHz 的 LiDAR 设备，其最大量测距离为 750 m，也就是说，如果使用 200 kHz 的发射频率进行数据采集，飞行高度只能为 750 m，要提高飞行高度，只有降低发射频率。

激光脉冲在其传播路径上可能遇到不同的物体，要区分不同物体的回波，需借助垂直分辨率。所谓垂直分辨率，指在脉冲传播方向上能区分出不同目标的最小距离，一般与脉冲宽度有关。在一个脉冲宽度内是无法区分不同目标的，只有大于一个脉冲宽度，目标才有可能被区分开来。垂直分辨率表示为

$$R_{min} = \frac{1}{2}ct_{min} \tag{2.4}$$

假如，$t_{min}=10$ ns，则 $R_{min}=1.5$ m。按 10 ns 的脉冲宽度计算时，距离大于 1.5 m 的不同目标的回波能量才可能被探测器接收并区分开来。

2.1.2　相位法测距原理

相位法距离测量的基本原理是，首先向目标发射一束经过调制的连续波激光束，激光束到达目标表面后反射，反射后被接收机接收，光束在经过往返距离 $2R$

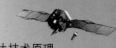

后，相位延迟了 ϕ，通过测量发射的调制激光束与接收机接收的回波之间的相位差 ϕ，即可得出目标与测距机之间的距离。相位法的相对误差较小，测距精度较高。其原理如图 2.2 所示。

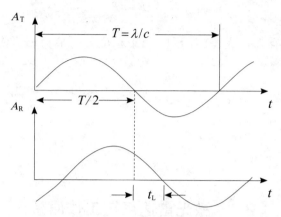

图 2.2　相位法测距原理

图 2.2 中，A_T 为发射脉冲信号，A_R 为反射脉冲信号，T 为连续波一个周期的时间，λ 为波长，c 为光束。ϕ 为发射信号和接收信号之间的相位差，则

$$T = \frac{\lambda}{c} \tag{2.5}$$

$$t_L = \frac{\phi}{2\pi} \cdot \frac{\lambda}{c} \tag{2.6}$$

由式（2.5）和式（2.6）可得

$$t_L = \frac{\phi}{2\pi} T \tag{2.7}$$

则所测距离为

$$R = \frac{1}{2} c t_L = \frac{1}{2} c \frac{\phi}{2\pi} T \tag{2.8}$$

由于 $T = \dfrac{\lambda}{c}$，得

$$R = \frac{\lambda}{4\pi} \phi \tag{2.9}$$

式中：λ 为波长，ϕ 为发射信号和接收信号之间的相位差。

对式（2.9）求微分得到距离分辨率 ΔR：

$$\Delta R = \frac{\lambda_{\text{short}}}{4\pi} \Delta \phi \tag{2.10}$$

式中：λ_{short} 为最短波长。

由上式可得到相位法测距的距离分辨率取决于最短波长。

在实际测量中，时间还应该包括整周期数 n 的时间，因此，t_L 应该为

$$t_L = \frac{\phi}{2\pi}T + nT \tag{2.11}$$

相位法测距也存在最大测距问题，由于相位差的最大测量值为 2π，代入式（2.9），有

$$R_{max} = \frac{\lambda_{long}}{4\pi}\phi = \frac{\lambda_{long}}{4\pi}2\pi = \frac{\lambda_{long}}{2} \tag{2.12}$$

式中：λ_{long} 为连续波中的最长波长。

§2.2　激光雷达系统工作原理

2.2.1　激光脉冲发射器工作原理

激光脉冲发射器又称激光扫描仪，是激光雷达系统中的重要组成部件，一般由激光发射器、接收器、时间计数器、微电脑等组成。激光脉冲发射器周期地发射激光脉冲，然后由接收透镜接收目标表面反射信号，形成接收信号，利用稳定的石英时钟对发射与接收时间差作计数，经由微电脑对测量资料进行内部微处理，显示或存储、输出距离和角度资料，并与距离传感器获取的数据相匹配，最后经过相应的系统软件进行一系列处理，获取目标地物表面三维坐标系统，从而进行各种量算或建立立体模型。其实例如图 2.3 所示。

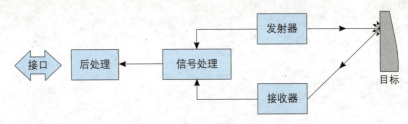

图 2.3　激光扫描系统组成

目前市场上的脉冲式激光器有四种扫描方式：振荡式扫描（又称摆镜扫描）、旋转棱镜式扫描（又称多面棱镜扫描）、章动式扫描（又称圆锥镜扫描）和光学纤维电扫描，如图 2.4 所示。

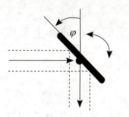

（a）振荡式扫描方式

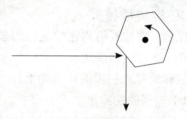

（b）旋转棱镜式扫描方式

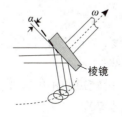

（c）章动式扫描方式

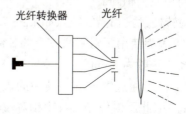

（d）光学纤维电扫描方式

图 2.4　脉冲激光器的扫描方式

1. 振荡（或钟摆）式

原理：光直接入射到反射平面镜上，每一个钟摆周期在地面上生成一个周期性的之字形图案。振荡扫描时，反射镜面需要在一秒内振荡数百次，同时要不断地、循环地从一端开始启动、加速，达到钟摆的最低点后减速，直到速度为零，到达钟摆的另一端。

振荡式扫描的优点如下：

1）对于扫描视窗角（FOV），扫描速度有多种选择，使得地面的覆盖宽度和激光点密度的选择有较多的机会。

2）具有大的光窗数值孔径。

3）具有较高的接收信号比。

振荡式扫描的弱点如下：

1）由于在一个周期内不断地经历加速、减速等步骤，因此，输出激光点的密度不均匀，这种不均匀性在扫描角度很小（如 ±2°）时，因为行程短，并不显著；当扫描角逐渐增大，大到 ±4° 时，不均匀性会越来越显著。

2）由于反射镜的加速与减速，造成激光点的排列一般在钟摆的两端密、中间疏，而中间的数据是更受关注的。在钟摆的两端，镜面以较低速度摆动或停止，并扫描两次，因此所得的数据精度差，需要剔除约占总数 10% 的数据，如扫描角为 ±22.5° 时，只选取 ±20° 内获得的数据。

3）由于摆动速度不断地变化，会造成机械磨损，使得 IMU 的配置发生漂移，因此每一次飞行前都需要进行 "boresight" 检校飞行。

4）消耗更多的功率。

2. 旋转棱镜式

原理：激光入射到连续旋转的多棱镜的表面，经反射后在地面上形成一条条连续的、平行的扫描线。

旋转棱镜式扫描的优点如下：

1）需要的功率小。

2）棱镜旋转的角速度不变，使得激光点的密度均匀，尤其是沿飞机飞行方向的线间距完全相同。

旋转棱镜式扫描的缺点如下：

1）因为使用了对眼睛安全的长波，为了减少色散度，只能选择较小的光窗数值孔径（一般为 5 cm）。

2）在光通过每一面多棱镜的表面时，都会经历一段较短的不能接受光信号的时间，因此反射信号接收比相对较低，最大值一般低于 70%。

通过对钟摆式扫描与旋转棱镜式扫描的激光点密度进行对比可以发现，一般地，钟摆式扫描的信号接收比最大值在 83% 左右，但是要扣除约 10% 左右的钟摆端数据，因此，最后获得的信号接收比最大值大约在 75%。

旋转棱镜式扫描的信号接收比最大值大约在 67%。

如果激光器的最大发射频率相同，钟摆式扫描的信号接收比要比旋转棱镜式扫描接收比大 8%。但是，如果最大发射频率不同，如 Riegl 的 LMS-Q560 的最大发射频率是 240 kHz，而徕卡和 Optech 的最大发射频率约为 150 kHz。在同样的飞行高度和速度等条件下，Riegl 激光器的接收信号频率为 160 kHz，而徕卡和 Optech 仅为 112 kHz。具体的数据还要考虑飞行的速度、飞行的高度、地面的地形地貌、地面物的反射系数等。

3. 章动式

原理：将一个偏转棱镜以 7° 的倾斜角度安置于一个旋转轴上，此倾斜的角度使偏转棱镜在旋转的时候，其自转轴也产生旋转，称为章动式旋转。激光发射器发射的激光入射到该章动式旋转的偏转棱镜表面上，经反射，在地面上形成近似椭圆形的扫描线。这种椭圆形的扫描方式让地面上大多数测量点都会被测量两次，（一次是前一次扫描，一次是后一次扫描），多余的地面扫描点信息可用来检校扫描仪和位置姿态信息。

4. 光学纤维电扫描式

原理：激光从二极管中发射后，沿光纤管道到达环形排列的光纤端口的圆心处，经过两次旋转棱镜的折射，到达环形光纤阵列中的任意通过一条光纤中，最后沿着由环形光纤平铺成的、呈线形排列的光纤发射出去。同理，从地面返回的激光呈线形排列的光纤后集中，由环形排列的光纤发射到旋转棱镜上，折射后被

环形光纤圆心处的光纤传导至激光接收器。目前此种扫描方式的激光扫描仪只应用于 TopSys 系统，它的特点是激光发射与接收光学装置为同一套系统。

以静止或移动的搭载平台为载体，组合不同的定位、摄影设备而形成完整的激光雷达系统。平台的不同，组合的设备不同，决定了不同种类激光雷达系统的工作过程存在差异。

2.2.2　机载激光雷达系统工作原理

典型的机载激光雷达系统由 GPS、IMU、激光测距单元、扫描单元以及控制存储单元等部分组成，如图 2.5 所示。

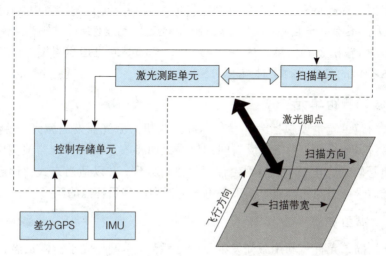

图 2.5　典型的机载激光雷达系统

1. GPS/IMU 组合系统

从工作方式上讲，GPS 观测可分为单点模式和差分模式，单点定位测速是用一台接收机独立确定自身的空间位置和速度，由于受到各种误差（主要是大气延迟）的影响，通常单点定位精度不高。差分模式指通过两台或两台以上的接收机同时观测，以削弱或消除各种误差的影响，达到更高的定位测速精度，但实施起来不如单点模式便利。

在机载激光雷达测量中，GPS 特别是差分 GPS 虽具有定位测速精度高、误差不随时间积累等特点，但同时也存在自主性较差，易受干扰，以及 GPS 数据频率较低等缺点。

IMU 是 20 世纪初发展起来的导航定位系统，其基本原理是根据惯性空间的力学定律，利用陀螺加速度计等惯性元件感知运动体在运动过程中的旋转角速度和加速度，通过伺服系统的地垂跟踪或坐标旋转变换，在一定坐标系内积分计算，最终得到运动体的相对位置、速度和姿态角。

由于 GPS 和 IMU 的优缺点呈现明显的互补性，因此将两者结合起来弥补各自的不足，为用户提供精度高、可靠性强、导航信息丰富的定位系统就成为一种合理的选择，这便是 GPS/IMU 组合系统。

机载激光雷达系统就是利用差分 GPS 来进行定位的。原理是用基准站和飞机上的 GPS 接收机同时接收来自相同 GPS 卫星的导航定位信号，基准站接收机所测得的三维位置与该点的真值进行比较，可获得 GPS 定位数据的改正值。

IMU 主要用来获得投影中心瞬时的俯仰角、侧滚角和航向角三个姿态参数。姿态测定精度的高低对于能否获得高精度的激光脚点起着主导作用。IMU 有姿态量测功能，具有完全自主、无信号传播，既能定位测速，又可以快速量测传感器瞬间的移动，输出姿态信息等优点，但是其误差随时间迅速积累增长，需要借助差分 GPS 提供的参数进行实时纠正。

2. 激光测距单元

激光测距单元主要包括激光发射器和接收机。激光器发出激光，经整形后，从发射系统发射出去，由目标反射回的信号经由接收系统的探测器检测出来，同时将光信号转变为电信号，然后由计算机进行处理，并以适当方式存储起来，通过测量光信号在空间的传播时间来量测发射器中心到目标点的距离。

3. 扫描单元

激光扫描单元首先利用激光发射器产生激光，再利用光学机械扫描装置控制激光束发射出去的方向，接收机接收被反射回来的激光束之后由记录单元进行记录。激光扫描的方向一般与飞机飞行的方向垂直，扫描的宽度由扫描视场来确定。发射和接收激光束的光孔是同一光孔，以便保证发射光路和接收光路为同一光路。

在扫描装置的作用下，不同的脉冲激光束按垂直于飞行方向的方向移动，形成对地面上一个条带的线扫描。随着飞机的飞行，形成面的扫描，得到整个被照射区域的数据。

机载激光雷达系统所采用的扫描方式有四种：摆镜扫描方式有两个摆动方向，对地面进行的是双向扫描，形成 Z 形扫描线；旋转棱镜扫描镜只有一个旋转方向，对地面进行单向平行线扫描；章动式扫描在地面形成椭圆扫描线；光纤扫描仪在地面上形成的是扫描平行线。

在地面形成的扫描形状不仅取决于激光扫描装置及其工作方式，还取决于飞机飞行方向、飞行速度和地形。由于操作时飞行速度和扫描速度都不是均匀的，因此机载激光雷达系统在地面上的激光脚点也是不均匀的。

4. 控制存储单元

在 LiDAR 数据采集的同时，控制单元为操作人员提供有效的实时监控信息，这些信息包括传感器、GPS、IMU 等部件的工作状态以及飞机平台的飞行轨迹。飞行员也可以通过监控系统对飞行姿态及航向加以调整，以确保数据的采集工作按照事先设计的轨迹进行。此外，机上的控制单元还用来实现 GPS、IMU 和激光测距仪三者之间的同步。中心控制单元一般采用导航、定位和管理系统构成，能够同步记录 IMU 的角速度和加速度的增量、GPS 的位置信息、激光扫描仪和数码相机的数据。存储部分则可以将采集到的各种类型数据存储到硬盘中。

目前提供机载激光雷达设备的厂家主要有：徕卡（Leica，美国）、Optech（加拿大）、IGI（德国）、天宝（Trimble，美国）、TopEye（瑞典）和 Riegl（奥地利）。这些厂家自己生产机载激光扫描仪，然后购买其他厂家的 GPS/IMU 及硬件和软件，集成机载激光雷达。在这些生产激光扫描仪的厂家中，生产规模最大、研究能力最强的是 Riegl 公司，该公司向许多厂家提供系列产品，如 LMS-Q 系列机载激光扫描仪：LMS-Q240、LMS-Q280、LMS-Q120i 以及 LMS-Q160（超轻、防摔、无人机专用）等。

这些 LiDAR 厂家有如下特点：

1）徕卡公司在 2005 年前一直使用的是加拿大 Applanix POS 系统，由于美国的禁运政策，向中国出口的 POS 系统都进行了许多修改，性能明显下降，并且不稳定。为了保证激光雷达性能的可靠性，徕卡在 2004 年后测试了许多公司的 POS 系统。在 2005 年 7 月又从加拿大 TerraMatics 公司购买了其 POS 系统的知识产权，避开北美区域，由自己在瑞士研发和委托生产型号为 iPAS 的 POS 系统。目前国内所销售的徕卡 ALS50-II 和 60 系统基本都是配置 iPAS 的定位系统。

2）自己生产 IMU 和导航软件，购买其他厂家的激光扫描仪和部件（包括导航），集成机载激光雷达。这类厂家有德国的 IGI、IMar，加拿大的 Applanix（天宝子公司）。这三家都是老牌的 IMU 生产厂家，其中 IGI 和 Applanix 在中国已经销售了 10 套以上的 IMU 系统。在中国，配置了 IGI（IMU）和 Riegl 机载激光扫描仪的机载激光雷达系统受到了普通用户和工程业主的广泛好评。

3）自身是激光雷达的项目服务提供商，通过购买几乎所有的硬件和软件，集成机载激光雷达，这类厂商如德国的 TopSys（天宝子公司），加拿大的 Remote Sensing 和 LSI，美国的 Merrick、Fugro Earthdata Inc. 和 Spectra Mapping 等，往往拥有自己开发的激光雷达数据处理软件，软件具有一些独特的功能。表 2.1 为几种较新的机载激光雷达系统的参数对比。

表 2.1　几种较新的机载激光雷达系统的参数比较

厂商	加拿大 Optech	瑞士 Leica-Geosystems	奥地利 Riegl	
产品型号	ALTM 3100EA	ALS-50II	LMS Q280i	LMS Q560
最大脉冲 / Hz	100 000	150 000	24 000	100 000
最大扫描率 / Hz	70	90	80	160
最大扫描角 / °	50	70	45	45
最大飞行高度 / m	3500	6000	1500	1800
激光束离散角 / mrad	0.3 @ 1/e 0.8 @ 1/e	0.22 @ $1/e^2$ (0.15 @ 1/e)	0.5	≤0.5
存储器大小	最大脉冲收集数据7小时	300 GB（约最大脉冲率收集数据17小时）	500 GB	500 GB
是否波形激光	不是	是	不是	是
水平方向精度 / 1 sigma	1/5000 高度	11～65 cm	5 cm/180 m	13 cm/785 m
垂直方向精度 / 1 sigma	＜5 cm～20 cm	11～25 cm	2 cm/180 m	4 cm/785 m
数字相机集成	Optech 4K02 数码相机	集成数字媒体格式的相机	DigiCAM 数字化摄影系统	
最大回波数量	第一、第二、第三，最后共四个	第一、第二、第三，最后共四个	第一或最后或交换	多次回波
是否记录回波强度	第一、第二、第三，最后共四个	第一、第二、第三，共三个	是	是
参数是否可调	是	是	是	是
尺寸、重量	65 cm(宽)X59 cm(长)X49 cm(高)，53.2 kg	37 cm(宽)X56 cm(长)X24 cm(高)，30 kg；45 cm(宽)x47 cm(长)x36 cm(高)，40 kg	20 cm(宽)X56 cm(长)X22 cm(高)，20 kg	20 cm(宽)X56 cm(长)X22 cm(高)，20 kg
电源	峰值 35 A，直流 25 V	均值 28 A，峰值 35 A，直流 28 V	直流17～32 V	

注：1 sigma 表示一个标准差。

　　表 2.1 描述的是当前三大机载雷达系统提供商的较新系统的参数。在过去的 10 年里，激光雷达的脉冲率有了超过 10 倍的增长，未来，由于物理极限的限制，脉冲率增长的速度会放慢。将来的系统发展趋势是提高每一个激光束的信息含量，比如有更多的回波，与数字相机集成，记录波形信息等。尤其值得关注的发展方向是小脚印波形激光雷达，目前只有 Riegl 的 LMS Q560 和 Leica-Geosystems 的 ALS-50II 具备这种技术。波形雷达的主要优点是能够记录完整的回波信息，其数据对森林信息，特别是森林的垂直变化信息具有很大的研究和应用价值。在过去，

波形激光雷达技术应用在卫星上,其脚印在 10 m 级别,所以尺度还不够精细。但是,小脚印波形激光雷达不仅具有机载系统的高精度特点,还能提取地表特征的垂直变化信息,因此可以预测,这种技术在森林调查和研究、生态系统保护等方面具有广阔的应用前景。

2.2.3　车载激光雷达系统工作原理

20 世纪 90 年代早期,移动测量系统的概念从相当简单的陆地系统发展成为更加成熟的、实时多任务以及多传感器的,可在陆地和空中运行的系统。该系统集成的传感器有全球定位、线阵 CCD、面阵 CCD、激光扫描仪、矢量方位角测量仪、倾角仪、IMU 等,这些传感器在测量车的行进过程中,分别测量并记录道路两侧目标地物在世界坐标系中三个方向的加速度,加上用矢量方位角测量仪和倾角仪测量得到的初始方向角、横滚角和俯角、仰角,可以计算任一时刻沿各个方向的速度,为 IMU 提供一些参数,从而可以获得车载平台在任意时刻的行进状态数据,间接地为后续各种传感器采集数据提供校正参数,从而保证数据采集的准确性。

车载 LiDAR 系统具有快速测定道路、随时上路施测及费用较低等优势,其测距精度可达 5 mm,综合测点精度达到厘米级。系统采用先进的直接惯导辅助定位技术(DIA),可有效解决 GPS 信号失锁的问题。

车载数据采集系统主要包括如下部分:形状信息采集子系统、位置采集子系统、姿态采集子系统、纹理信息采集子系统、中央控制子系统和系统支撑部分。各部分之间的关系如图 2.6 所示。

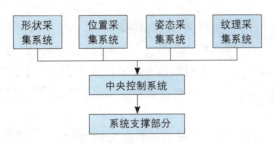

图 2.6　车载数据采集系统各部分的关系

车载激光扫描系统通过自动控制子系统对三维激光感应子系统进行控制和监测。不同的测量任务,对激光感应子系统的扫描定位、扫描方向和范围等方面的要求差异很大。因此,激光感应子系统的扫描范围、扫描速度、快速定位、自动改正的能力直接决定着数据采集的效率和准确性。例如,在进行建筑物测量时,如果建筑物比较高,激光感应子系统的视场角就要大,否则就不能获得建筑的全貌;而在道路测量中,由于测区比较平坦,而且地物比较简单,比较适于快速作业,这就要求激光感应子系统的扫描速度要比较快。

当数码摄像子系统以及其他光学感应器集成进整个系统后，它们的工作范围和视场角一定要和相应的激光感应子系统很好地结合起来。

车载激光扫描系统是将激光扫描仪装载在测量车上，同时，在测量车上装载有高精度 GPS，在测量车行进的过程中不断记录测量车的位置，而车载激光扫描仪也不断记录 24 位深度图像的分割与压缩道路两侧目标地物与测量车上激光扫描仪的脉冲发射器的测距以及它在该扫描线中的索引值，通过该索引值，可以计算出该点与测量车在初始方向上的夹角；另外，在车载硬件装载完成后即刻进行各种传感器的校验工作，以此来确定各个传感器之间的空间几何关系，通过这个信息，可以将激光扫描仪所采集的目标地物到激光扫描仪脉冲发射器的相对位置和 GPS 所采集的测量车的绝对位置结合起来，这样就可以得到目标地物的绝对位置，即：目标地物的位置 = GPS 测量位置 + 校验信息 + 激光扫描仪的相对位置。

在车辆移动的过程中，必须确保激光感应子系统在每个点上的定位精确度。也就是说，车载系统测量的精度完全取决于导航子系统的稳定性。内置的导航软件和 GPS 的结合可以保证系统在采集数据的过程中，对车辆行进的轨迹进行描述和控制，相关的信息会帮助系统计算出采集数据的三维坐标或坐标增量。

由于激光扫描测量采用激光脉冲作为测量手段，而激光脉冲在空气中是以光速进行传播的。因此，在车载系统中，我们可以认为在某一时刻，激光的扫描线是在同一时刻发生的，再加上激光扫描仪可以提供的距离和角度值，通过简单的变换处理就可以很容易地得到激光扫描仪所扫描的目标地物表面到测量车的三维坐标值。

车载三维激光扫描系统经常用于城区的测量，但是城区密集的地物会降低 GPS 接收机获取卫星信号的机会，而且，许多建筑物的表面会产生多路径效应，影响到 GPS 的定位精度。为了减轻这些不利因素的影响，车载激光扫描系统采用一些特殊的定位技术来确保在没有搜到卫星信号的情况下，仍然能够获得空间信息数据。

目前，车载激光扫描系统已经从实验室走向市场，开始在数字化城市测图领域得到应用，相信随着这一技术的不断发展，必将在许多领域得到广泛的应用。

2.2.4 地面激光雷达系统工作原理

地面激光雷达系统又称三维激光扫描仪，主要由激光测距系统、激光扫描系统、控制系统、电源供应系统及附件等部分构成，同时也集成了 CCD 相机和仪器内部校正系统等。其中，激光扫描仪是核心，主要包括激光测距系统和激光扫描系统。

工作原理如图 2.7 所示，采用非接触式高速激光测量方式，获取地形或者复

杂物体的几何图形数据和影像数据。最终由后处理软件对采集的点云数据和影像数据进行处理，转换成绝对坐标系中的空间位置坐标或模型，以多种不同的数据格式输出，满足空间信息数据库数据源的要求和不同应用的需要。

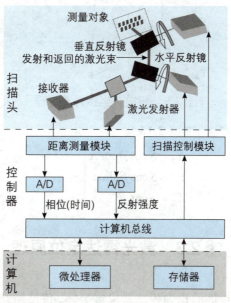

图 2.7　地面激光扫描仪测量的基本原理

激光测距系统是技术发展已经相当成熟的部分，地面三维激光扫描仪目前主要采用的脉冲测距法是一种高速激光测时测距技术，测距过程可以分为激光发射、激光探测、时延估计和时延测量四个环节。激光发射指激光脉冲发射体在触发脉冲的作用下，发出一个极窄高速激光脉冲，通过扫描镜的转动和反射后射向物体，同时，激光信号被取样，得到激光主波脉冲；激光探测指将反射回来的激光回波信号转换为电信号；时延估计指对不规则的激光回波信号进行相应处理，估计出测距时延，生成回波脉冲信号，该脉冲信号的前沿代表目标物体回波的时延；时间延迟测量指由精密原子钟控制的精密计数器通过距离计数方法测量出激光回波脉冲与激光发射主脉冲之间的时间间隔。激光扫描系统通过内置马达伺服系统精密控制多面反射棱镜的转动，使脉冲激光束沿横轴方向和纵轴方向快速扫描以获得大范围的扫描幅度、高精度的小角度扫描间隔。

三维激光扫描仪发射器发出一个激光脉冲信号，部分信号经物体表面漫反射后，沿几乎相同的路径反向传回到接收器。通过扫描仪距离 S、控制编码器同步测量的每个激光脉冲横向扫描角度观测值 α 和纵向扫描角度观测值 β，可以计算目标点 P 的空间坐标。三维激光扫描测量一般采用仪器自定义坐标系，X 轴在横向扫描面内，Y 轴在横向扫描面内与 X 轴垂直，Z 轴与横向扫描面垂直，如图 2.8 所示。

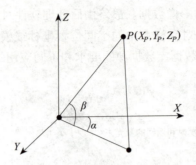

图 2.8　扫描点坐标计算原理

目标点 P 的计算方法见式（2.13）。

$$\left.\begin{aligned} X_P &= S\cos\beta\cos\alpha \\ Y_P &= S\cos\beta\sin\alpha \\ Z_P &= S\cos\beta \end{aligned}\right\} \tag{2.13}$$

§2.3　激光雷达定位原理

　　激光雷达系统测得的数据为传感器位置坐标、传感器到目标点的距离。目标点的三维坐标可通过一系列转换计算得到。

　　假设已知地理空间中一点 O，其坐标为 (X_0, Y_0, Z_0)，此点到待测点 P 的距离可准确测出，那么待测点的三维坐标 (X_i, Y_i, Z_i) 即可由已知点通过矢量方法求出，这就是激光雷达定位的基本原理，如图 2.9 所示。

　　通常情况下，首先计算出激光测距仪所测定的斜距 R，然后再利用 GPS 确定的传感器的三维空间坐标 (X_0, Y_0, Z_0) 与用 INS 测量值以及激光扫描仪安置角等推算出的传感器姿态角 (ϕ, ω, κ)，进而解算出地面目标的空间坐标 (X_i, Y_i, Z_i)。

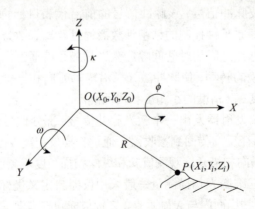

图 2.9　激光雷达定位原理

2.3.1　激光雷达系统的坐标系统

由前面的激光雷达构像公式（2.13）可知，地面点的三维坐标是通过一系列坐标转换计算得到的。在计算坐标之前，需要先定义一系列坐标系统来完成坐标的转换和精度的评定。

在此，定义如下坐标系统：

1）瞬时激光束坐标系。原点 O：激光发射参考点；x 轴：指向飞行方向；y 轴：$O-xyz$ 构成右手系；z 轴：指向瞬时激光束方向。

2）激光扫描坐标系。原点 O：激光发射点；x 轴：指向飞行方向；y 轴：$O-xyz$ 构成右手系；z 轴：指向激光扫描系统零点（扫描角为零）。

3）载体坐标系。原点 O：飞机纵轴和横轴的交点；x 轴：指向机身纵轴朝前；y 轴：垂直于 x 轴，指向飞机右机翼；z 轴：垂直向下，$O-xyz$ 构成右手系。

4）惯性平台坐标系。原点 O：位于惯性平台中心；x 轴：指向机身纵轴朝前；y 轴：垂直于 x 轴，指向飞机右机翼；z 轴：垂直向下，$O-xyz$ 构成右手系。

5）当地水平参考坐标系。原点 O：位于某一天线的相位中心（航迹）；x 轴：指向真北；y 轴：指向东，$O-xyz$ 构成右手系；z 轴：沿椭球法向量反向指向地心。

6）WGS-84 坐标系。原点 O：地球质心；x 轴：指向格林尼治中央子午线与赤道的交点；y 轴：指向东，$O-xyz$ 构成右手系；z 轴：指向真北极。

2.3.2　坐标系统间的转换关系

1. 瞬时激光束坐标系到激光扫描坐标系的转换

由前面所述坐标系统的定义可知，瞬时激光束坐标系与激光扫描坐标系是偏转了一个角度（扫描角）的关系，其转换关系如图 2.10 所示。

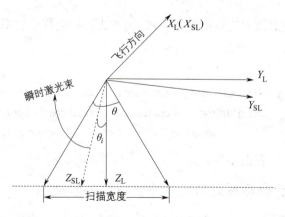

图 2.10　激光束坐标系与激光扫描坐标系之间转换的关系

其转换矩阵为

$$\boldsymbol{R}_S = \begin{bmatrix} 1 & 0 & 0 \\ 0 & \cos\theta_i & \sin\theta_i \\ 0 & -\sin\theta_i & \cos\theta_i \end{bmatrix} \tag{2.14}$$

式中：θ_i 为扫描角。

2. 激光扫描坐标系到惯性平台坐标系的转换

这一转换过程需要先由激光扫描坐标系转换到载体坐标系，再由载体坐标系转换到惯性平台坐标系。载体坐标系以机身的纵轴为 X 轴（向前），横轴为 Y 轴（向右机翼），Z 轴垂直向下与 XY 轴构成右手坐标系。理论上，激光扫描坐标系的坐标轴与载体坐标系的坐标轴是相互平行的，但由于有安置误差，它们之间存在安置误差角 α_1、β_1、γ_1。惯性平台坐标系是参照惯性平台（INS）定义的，安装时惯性平台坐标系的坐标轴同载体坐标系的坐标轴也是相互平行的，同样由于安置误差的存在，两者之间存在安置误差角 α_2、β_2、γ_2。全面考虑安置误差角 α_1、β_1、γ_1 和 α_2、β_2、γ_2 后，可将其综合成激光扫描坐标系同惯性平台坐标系间的安置误差角 α，β，γ，尽管设计时要求激光扫描坐标系同惯性平台坐标系的坐标轴间相互平行，即保证 $\alpha = \beta = \gamma = 0$，但由于系统组装时有误差的存在，不能完全保证它们相互平行，即这三个参数不为 0。

激光扫描坐标系的坐标原点在激光发射点，惯性平台坐标系的坐标原点在惯性平台中心，两者不重合，存在偏心量 t_{LM}，该偏心量实际上是激光发射点在惯性平台坐标系中的坐标分量，由此可得到激光发射点在惯性平台坐标系中的坐标 (X_N, Y_N, Z_N) 为

$$\begin{bmatrix} X_N \\ Y_N \\ Z_N \end{bmatrix} = \boldsymbol{R}_M \boldsymbol{R}_S \begin{bmatrix} 0 \\ 0 \\ \rho \end{bmatrix} + t_{LM} \tag{2.15}$$

式中：ρ 为激光发射点到地表的距离；$\boldsymbol{R}_M$ 为激光扫描坐标系到惯性平台坐标系转换的旋转矩阵。

$\boldsymbol{R}_M$ 具体形式如下

$$\boldsymbol{R}_M = \begin{bmatrix} \cos\beta\cos\gamma & \sin\alpha\sin\beta\cos\gamma - \cos\alpha\sin\gamma & \cos\alpha\sin\beta\cos\gamma + \sin\alpha\sin\gamma \\ \cos\beta\sin\gamma & \sin\alpha\sin\beta\sin\gamma + \cos\alpha\cos\gamma & -\sin\alpha\cos\gamma + \cos\alpha\sin\beta\sin\gamma \\ -\sin\beta & \sin\alpha\cos\beta & \cos\alpha\cos\beta \end{bmatrix} \tag{2.16}$$

式中：α、β、γ 为安置误差角。

3. 惯性平台坐标系到当地水平坐标系的转换

根据惯性导航理论，惯性平台坐标系到当地水平坐标系转换的旋转矩阵 $\boldsymbol{R}_{INS}$ 为

$$R_{\text{INS}} = \begin{bmatrix} \cos p \cos h & \sin r \sin p \cos h - \cos r \sin h & \cos r \sin p \cos h + \sin r \sin h \\ \cos p \sin h & \sin r \sin p \sin h + \cos r \cos h & -\sin r \cos h + \cos r \sin p \sin h \\ -\sin p & \sin r \cos p & \cos r \cos p \end{bmatrix} \tag{2.17}$$

式中：r, p, h 代表侧滚、俯仰、航偏等三个姿态角。

4. 当地水平坐标系到 WGS-84 空间直角坐标系的转换

当地水平坐标系到 WGS-84 空间直角坐标系转换的旋转矩阵 R_{W} 为

$$R_{\text{W}} = \begin{bmatrix} -\sin\phi\cos\lambda & -\sin\lambda & -\cos\phi\cos\lambda \\ -\sin\phi\sin\lambda & \cos\lambda & -\cos\phi\sin\lambda \\ \cos\lambda & 0 & -\sin\phi \end{bmatrix} \tag{2.18}$$

式中：ϕ，λ 分别为纬度和经度。

综上所述，LiDAR 对地定位中的坐标转换顺序为：

瞬时激光束坐标系 → 激光扫描坐标系 → 载体坐标系 → 惯性平台坐标系 → 当地水平坐标系 → WGS-84 空间直角坐标系 → 局部坐标系（如公路勘察单位自己定义的局部坐标系），各坐标系之间的相互关系如图 2.11 所示。

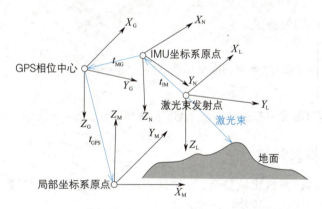

图 2.11　机载激光雷达系统坐标系的关系

图 2.11 中，$X_{\text{L}} Y_{\text{L}} Z_{\text{L}}$ 为激光束扫描参考坐标系，$X_{\text{N}} Y_{\text{N}} Z_{\text{N}}$ 为惯性导航参考平台坐标系，$X_{\text{G}} Y_{\text{G}} Z_{\text{G}}$ 为当地水平坐标系，$X_{\text{M}} Y_{\text{M}} Z_{\text{M}}$ 为局部坐标系。由此，LiDAR 的构像方程可以表示为

$$\begin{bmatrix} X \\ Y \\ Z \end{bmatrix}^{\text{M}} = \begin{bmatrix} X_{\text{GPS}} \\ Y_{\text{GPS}} \\ Z_{\text{GPS}} \end{bmatrix}^{\text{M}} + R_{\text{MAP}} \, R_{\text{W}} \, R_{\text{INS}} \left(R_{\text{M}} R_{\text{S}} \begin{bmatrix} 0 \\ 0 \\ \rho \end{bmatrix} + \begin{bmatrix} \Delta X_{\text{MG}} \\ \Delta Y_{\text{MG}} \\ \Delta Z_{\text{MG}} \end{bmatrix} + \begin{bmatrix} \Delta X_{\text{LM}} \\ \Delta Y_{\text{LM}} \\ \Delta Z_{\text{LM}} \end{bmatrix} \right) \tag{2.19}$$

用矩阵向量可表示为

$$P^M = P^M_{GPS} + R_{MAP} R_W R_{INS} (R_M R_S L + t_{MG} + t_{LM})$$ (2.20)

式中：$P^M = \begin{bmatrix} X \\ Y \\ Z \end{bmatrix}^M$ 为地表点在局部坐标系下的坐标，为用户需要的值；

$P^M_{GPS} = t_{GPS} = \begin{bmatrix} X_{GPS} \\ Y_{GPS} \\ Z_{GPS} \end{bmatrix}^M$ 为 GPS 接收机天线相位中心在局部坐标系下的坐标；

R_S　为瞬时激光束坐标系到激光扫描坐标系的转换矩阵；

R_M　为激光扫描坐标系到惯性平台坐标系的转换矩阵；

R_{INS}　为惯性平台坐标系到当地水平坐标系的转换矩阵；

R_W　为当地水平坐标系到 WGS-84 空间直角坐标系的转换矩阵；

R_{MAP} 为 WGS-84 空间直角坐标系到局部坐标系的转换矩阵；

$t_{MG} + t_{LM} = \begin{bmatrix} \Delta X_{MG} \\ \Delta Y_{MG} \\ \Delta Z_{MG} \end{bmatrix} + \begin{bmatrix} \Delta X_{LM} \\ \Delta Y_{LM} \\ \Delta Z_{LM} \end{bmatrix}$，为惯性平台系统坐标系下激光束发射点到GPS

接收机天线中心的偏移量；

$L = \begin{bmatrix} 0 \\ 0 \\ \rho \end{bmatrix}$ 为瞬时激光束扫描坐标系下的空间矢量；

ρ　为瞬时激光束扫描坐标系下的空间矢量。

2.3.3　相关参数

由于激光雷达系统比较复杂，在地面点解算过程中涉及的参数较多，本节只介绍一些比较常用的参数及其计算公式。

1. 瞬时视场角

瞬时视场角（instantaneous field of view, IFOV）又称激光发散角。一般由发射激光光束的发散角来定义。瞬时视场角的大小取决于激光的衍射（diffraction），是发射孔径 D 和激光波长 λ 的函数，计算公式为

$$\theta_{IFOV} = 2.4 \frac{\lambda}{D}$$ (2.21)

一般瞬时视场角的大小为 0.3 ~ 2 毫弧度（mrad）。

2. 视场角

视场角（field of view, FOV）指激光束通过扫描装置所能投射的最大角度范围。早期 LiDAR 系统的扫描角一般较小（大约在 30°），目前比较先进的 LiDAR 系统的扫描角都在 60°～75° 之间，如 Leica ALS60 和 ALS CM 的最大扫描角都达到了 75°，基本能够达到目前航摄仪的视场角度范围。

3. 最大量测距离

最大量测距离指 LiDAR 系统能够精确测定的最远距离。

一般而言，对于脉冲发射激光器而言，通常是在一束激光脉冲发射出去，遇到目标后反射，由激光接收机接收之后，再发射另一束激光。因此，为避免发射到最远目标的激光束还未返回就发射下一束激光，需要考虑最大量测距离。最大量测距离的计算公式为

$$R_{\max} = \frac{1}{2}ct_{\max} \tag{2.22}$$

由上式可知，最大量测距离与激光脉冲的发射频率有关，同时还受大气折射率、地物反射率、探测器灵敏度等因素影响。激光在经过大气时，会受到大气折射的影响而改变传播方向，或者经大气吸收而削弱，这都会影响 LiDAR 系统的最大测量距离；如果目标发生漫反射，甚至出现向其他方向的镜面反射激光的情况，也会导致接收信号减弱甚至消失，从而影响最大量测距离；探测器灵敏度直接关系到微小回波信号能否被有效探测，对于同样的微小回波信号，灵敏度高的探测器可能接收到该信号，从而获得探测目标到探测器中心的斜距，反之，则可能会丢失该信号，导致测距失败。

4. 最小量测距离

最小量测距离是对人眼安全的距离，这与激光的波长和功率有关。

5. 垂直分辨率

激光脉冲在其传播路径上可能遇到不同的物体，要区分不同物体的回波，需借助垂直分辨率。

6. 脉冲频率

单位时间内激光器能够发射的激光束的次数。一般而言，脉冲频率越大，地面的激光脚点的密度就越大。脉冲频率也与最大量测距离有关，频率越大，最大量测距离会减小。在功率一定的情况下，脉冲频率越大，单束激光的能量就越小，所能量测的距离就越小，信噪比也越小。

7. 扫描频率

在线扫描方式（如 Leica ALS60）中，每秒所扫描的行数称为扫描频率。一般来说，在飞行速度一定的情况下，扫描频率越大，相同区域获得的扫描线就越多，整体扫描效果就越好（图 2.12）。

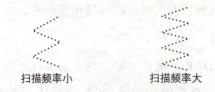

图 2.12　不同扫描频率对应的扫描效果

8. 激光脚点光斑的特性及影响

由图 2.13 可知，地面上瞬时激光脚点的大小 $2\alpha_L$ 与平台的飞行高度 H、激光波束发散角 γ、地形坡度 α、接收瞬时视场角 θ_i 的关系。

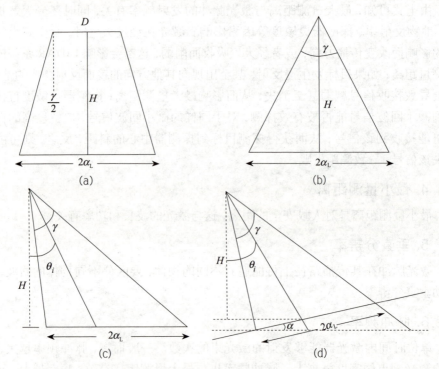

图 2.13　激光脚点光斑的大小示意

当激光束垂直照射水平表面时（图 2.13（a）），激光脚点直径为

$$2\alpha_L = D + 2H\tan(\gamma/2) \tag{2.23}$$

通常，探测器孔径 D，只有 $10 \sim 15$ cm，比较小，由图 2.13（b）可知

$$2\alpha_{\mathrm{L}} \approx 2H\tan(\gamma/2) \tag{2.24}$$

由于激光波束发散角 γ 也非常小，这时 $\gamma/2 \approx \tan(\gamma/2)$，故式（2.24）可简化为

$$2\alpha_{\mathrm{L}} \approx H\gamma \tag{2.25}$$

当飞机处于水平状态，激光束偏离垂直位置照射到水平表面，偏离的角度为瞬时扫描角 θ_i，如图 2.13（c），激光脚点光斑沿航线垂直方向的直径大小为

$$2\alpha_{\mathrm{L}} = H(\tan(\theta_i + \gamma/2) - \tan(\theta_i - \gamma/2)) \tag{2.26}$$

当飞机处于水平状态，激光束照射到倾斜角度为 α 的坡度上时（图 2.13（d）），坡向与航线方向垂直，瞬时扫描角为 θ_i，激光脚点光斑沿航向垂直方向的直径为

$$2\alpha_{\mathrm{L}} = \frac{H\sin(\gamma/2)}{\cos\theta_i\cos(\theta_i + \gamma/2 - \alpha)} + \frac{H\sin(\gamma/2)}{\cos\theta_i\cos(\theta_i - \gamma/2 - \alpha)} \tag{2.27}$$

而激光脚点光斑沿航线方向的直径始终为

$$2\alpha_{\mathrm{L}} \approx H\gamma \tag{2.28}$$

9. 扫描带宽

扫描带宽（scanning width）指系统扫描时形成的垂直飞行方向的扫描线的宽度，它与飞机的飞行高度和系统最大扫描角度有关。由图 2.14 可知：

$$W_{\mathrm{scan}} = 2H\tan(\theta/2) \tag{2.29}$$

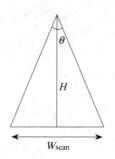

图 2.14　扫描宽带

对于 Z 形扫描，实际扫描角度比设定值大一些，但由于扫描速度很快，一般与计算的数据差异不大。对于一个给定的 LiDAR 系统而言，扫描角 θ 是一个常数，扫描带宽只与飞行高度有关。

10. 激光脚点数 N 和激光脚点的间距

激光脚点数指每条扫描线上的激光脚点的个数，与飞行高度和带宽无关，是脉冲发射频率 F 和扫描频率 f_{scan} 的函数，具体关系式如下式

$$N = F / f_{scan} \tag{2.30}$$

由于不同的区域所需的量测密度不同，而一般说来 LiDAR 系统的扫描频率和脉冲发射频率是一个固定值，由此确定了一行扫描线上点的个数。

激光脚点间距包括航向激光脚点间距和旁向激光脚点间距。

航向激光脚点间距指沿飞行方向（航向）的扫描点之间的最大间距，可以用航向飞行速度 V 和扫描频率 f_{scan} 来求解。

$$d_{along} = V / f_{scan} \tag{2.31}$$

由式（2.31）可知，航向激光脚点间距与飞行高度无关，只与飞行速度和扫描频率有关。

对于 Z 形扫描方式，有两种定义扫描行的方式，如图 2.15 所示，式（2.31）计算的是 b 类方式定义的激光脚点间距，若采用 a 类定义，则结果应该再除以 2。

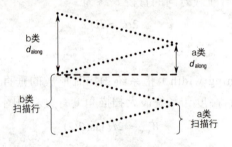

图 2.15　Z 形扫描的点间距

旁向激光脚点间距指一条扫描线上相邻激光脚点的间距，计算式如下：

$$d_{across} = W_{scan} / N \tag{2.32}$$

式中：W_{scan} 为扫描带宽；N 为一条扫描线的点数。

同理，对于 Z 形扫描方式，旁向激光脚点间距也有两种情况：对于 a 类情况，扫描方向的点距按式（2.32）计算。对于 b 类情况，按式（2.32）计算的结果必须再乘以 2，因为这时每一行的点数是分布在双向扫描线上的。

第3章 激光雷达数据采集与处理

§3.1 激光雷达数据采集

激光雷达通过激光发射装置按设置好的时间间隔不断发射激光束,激光束打在反射镜上,反射镜左右摆动,将激光束反射到地面,激光束遇地面物体发生反射,机载接收装置捕捉到返回信号后记录一个相应的数据点,激光束经多次反射,接收装置将记录多个数据点。

3.1.1 机载激光雷达数据采集

机载 LiDAR 数据采集过程示意图如图 3.1 所示,飞机沿航线飞行,激光发射、接收装置不断采集、记录地面数据点,直至完成整个区域的数据采集。若测区过大,可采取多次起飞的方式获得整个测区的数据。

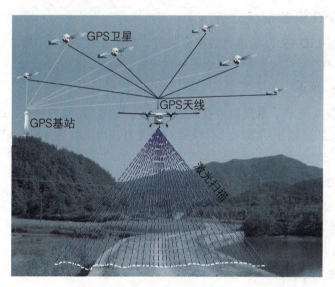

图 3.1 机载 LiDAR 数据采集过程

根据 LiDAR 数据采集的特点,需选择合适的飞行平台和飞行参数,研究、探讨多种飞行方案,考虑到地形特点的不同,兼顾常规与非常规飞行方案的设计、分析。LiDAR 数据采集需要按照事先制订的详细飞行计划进行。飞行计划的内容包括飞行的时间、地点以及地面控制点的设置等。航摄飞行设计可采用设备自配的航飞设计软件来进行飞行设计,如 IGI 设备自带的 WinMP 软件,徕卡设备自带的 Flight Planning & Evaluation Software 软件,Optech 设备自带的 Opetch

Planner 软件等，航飞控制采用计算机控制导航系统。机载 LiDAR 数据采集流程如图 3.2 所示。

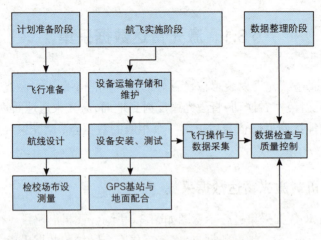

图 3.2　机载激光雷达数据采集流程

1. LiDAR 设备指标分析

利用机载 LiDAR 设备进行数据采集时，需要考虑发散度、回波数、飞行高度等常用指标。

（1）发散度

激光发散度决定了激光投射在地面的光斑大小。发散度较大，对植被的测量效果较好，发散度较小则激光具有较强的穿透力。当航高为 1000 m 时，发散度小的激光投射在地面上的光斑直径大约为 20 cm，而发散度大的约为 1 m。

（2）回波数

由于激光的光斑较小，从空中对植被茂密地区进行测量时，每发射出一个脉冲，常可以收到树冠、树干、地表灌木以及地面等多个反射回波。目前几种主流机载 LiDAR 都有获取多次回波的能力。

（3）飞行高度

飞行高度不但要考虑到可以安全作业，还要留有相当的余地供飞机转弯；另外飞机在沿河道飞行时，空中走廊要有足够的安全高度。如果有较好的气象条件并对飞行航线加以精心设计，飞行高度可以降低一些，同时机载 LiDAR 的测量精度也会提高一些，这对大比例尺地形测绘项目是非常有利的。

（4）平面精度与高程精度

LiDAR 厂家给出的精度指标虽然简略，但与专家的研究结果是基本相符的，只是没有考虑坡度对精度的影响。Opetch 公司按由低到高、由先到后的顺序给出

的 4 个型号的水平精度指标和高程精度指标见表 3.1。在 GPS 和 IMU 精度一定的情况下，只给出平面精度与相对航高 H 的关系。在平坦地区可以忽略地面坡度造成的差异，但在高山地区就必须考虑这一影响。

表 3.1　厂方标称精度

型号	ALTM 3100	ALTM 3100EA	ALTM Gemini	ALTM Gemini 167
水平精度	1/2000×相对航高	1/5500×相对航高	1/5500×相对航高	1/11 000×相对航高
高程精度	< 15 cm/1.2 km	< 5～10 cm/0.5 km	< 5～10 cm/0.5 km	5 ～10 cm
高程精度	< 25 cm/2.0 km	< 10 cm/1.0 km	< 10 cm/1.0 km	5 ～10 cm
高程精度	< 35 cm/3.0 km	< 15 cm/2.0 km	< 15 cm/2.0 km	5 ～10 cm
高程精度		< 20 cm/3.0 km	< 20 cm/3.0 km	5 ～10 cm
高程精度			< 25 cm/4.0 km	
相对高程精度	最小值	1/8000	1/10 000	1/10 000	1/20 000
相对高程精度	最大值	1/8500	1/15 000	1/16 000	1/40 000

通常，厂家给出的高程精度指标是分段给出的，通过计算其相对精度可以发现随着设备型号的升级，高程的精度和相对精度都在不断提高，且高程精度高于平面精度。当高程精度提高到一定程度后，随高程的变化便不再显著，所以厂家在最新型号 Gemini 167 中给出了一个与相对航高无关的高程精度范围值。

（5）波长选择

机载 LiDAR 采用的激光波长一般位于近中红外的大气窗口，常用的波长有 1064 nm、1047 nm、1550 nm 等，测深 LiDAR 系统还采用透水性较好的蓝绿激光波段，如波长为 532nm。

（6）脉冲发射频率

激光脉冲序列中相邻脉冲的间隔决定了脉冲发射周期，从而决定脉冲发射频率。在确定的高度和扫描角情况下，脉冲发射频率越高，所获得的地面激光点的密度越高。

（7）功率

在扫描角一定的情况下，激光功率越高，可测距离越远。设脉冲激光器输出的单个脉冲持续时间（脉冲宽度）为 t（实际为 FWHM 宽度），单个脉冲的能量为 E，输出激光的脉冲发射周期为 T，那么，激光脉冲的平均功率 $P_{av} = E/T$，即在一个重复周期内输出的能量。脉冲激光的峰值功率 $P_{pk} = E/t$。

（8）扫描方式

典型的扫描方式有线扫描、圆锥扫描和光纤扫描三种。线扫描在地面上的扫描线呈 "Z" 字型或平行线型；圆锥扫描随飞行平台的运动，光斑会在地面上形成一系列有重叠的圆；光纤扫描在地面上形成的扫描线呈平行或 "Z" 字型。

（9）最大扫描角

对于 Optech 的 ALTM 系列机载 LiDAR 而言，由于相机的像场角一般小于 LiDAR 的最大扫描角，在需要获取数码影像时，需要缩小激光的扫描角度，以保证二者的同步。扫描角缩小之后，扫描的频率可以有所提高，相应就缩小了点的间距，对提高精度更有益。

随着机载激光雷达技术应用范围不断扩大，越来越多的公司投入到机载激光雷达设备生产中。目前，国际上生产激光雷达设备的知名公司主要有 Riegl、Leica、Optech 等，它们的产品已遍布世界各地。表 3.2 为国内常见 LiDAR 设备的相关指标。

表 3.2　国内常见 LiDAR 设备指标

LiDAR 设备		Leica ALS-50II	Optech ALTM 3100			LiteMapper 5600	LiteMapper 2400
激光束离散角 / mard		0.22 @ 1/e² (0.15 @ 1/e)	--			0.5，1.2	2.7
飞行高度		200 m~6 km	80 m~3.5 km			30 m~1800 m	10 m~650 m
高程精度	精度	< 4 cm	< 15 cm	< 25 cm	< 35 cm	0.06 cm	0.04 cm
	高度	1000 m	1200 m	2 000 m	3000 m	1000 m	300 m
	GPS误差	2 sigma	1 sigma	1 sigma	1 sigma	GPS 没有出错时	GPS 没有出错时
整体平面精度	精度	< 24 cm	--			0.30 cm	0.12 cm
	高度	1000 m	--			1000 m	300 m
	GPS误差	2 sigma	--			GPS 没有出错时	GPS 没有出错时
脉冲发射频率		最大150 kHz	33 kHz	最大航高 3.5 km		40~200 kHz	30 kHz
			50 kHz	最大航高 2.5 km			
			70 kHz	最大航高 1.7 km			
			100 kHz	最大航高 1.1 km			
		脉冲发射频率越高，所获得的地面激光点的密度越高					
沿飞行方向点间距	间距	0.23 m	0.25 m以上			可变的，0.6 m	可变的，1 m
	速度	150 km/h	--			150 km/h	74 km/h
	扫描频率	90 Hz	--			--	--

表 3.2（续）

LiDAR 设备		Leica ALS-50II		Optech ALTM 3100	LiteMapper 5600	LiteMapper 2400
垂直飞行方向点间距	间距	0.07 m	0.38 m	0.21 m以上	可变的, 0.6 m	可变的, 1 m
	高度	200 m	1000 m	——	——	300 m
	速度	150 km/h	150 km/h	——	150 km/h	74 km/h
	FOV	10°	10°	——	——	——
	扫描频率	90 Hz	72 Hz	——	——	——
最多每平方米打点数	点数	103个点	14个点	20个点	156点	8 点
	飞行高度	200 m	1000 m	500 m	50 m	50 m
	速度	150 km/h	150 km/h	185 km/h	55 km/h	55 km/h
	FOV	10°	10°	10°	——	——

注：2 sigma 表示二倍标准差。

实际应用中，可参考如下建议：

1）树林覆盖率较高的地方建议选择发散度较小、回波数较多的 LiDAR 设备。

2）在北方相对高度较高的地域，要考虑选择高度参数相对高的仪器进行测量。

3）在地势起伏较大的地区，应考虑使用高程精度较高、功率较大的仪器。

4）测水下地形状况要采用蓝绿激光波段。

5）在点云密度要求较高的情况下，选择脉冲发射周期较长的仪器更佳。

2. 公路勘察飞行设计特点

基于 LiDAR 公路勘察的航线设计有其自身的特点，概括起来有以下几个方面。

（1）航线设计原则——点云密度尽量大、飞行效率尽量高

点云密度的确定：在确定进行航线设计之后，首先要根据项目的技术要求大概确定点云密度（或者平均点间距）、飞行航高、飞行速度等基本参数。其中，点云密度是最为重要的一个基本参数，因为它确定了对地形表达的精细程度，因此必须首先确定，接下来围绕点云密度确定相关参数，比如脉冲发射频率、扫描频率等。LiDAR 能够达到的密度与地形等级密切相关，表 3.3 是与点云密度针对地形高差的推荐值。

表 3.3 点云间隔与高差的关系

地形高差 Δh / m	≤50	50 < Δh ≤200	200 < Δh ≤500	> 500
点间距 / m	0.5	0.7	0.9	1.0

（2）限制航飞时间

为防止 IMU 漂移误差过大，每条航线的航飞时间不宜超过 20 分钟。

（3）根据地形特点分区飞行

在飞行任务准备阶段，首先应该熟悉测区的地形特点和地貌特征，根据不同的地形条件选择和设计不同的飞行航线。在平原地区，航线设计相对要简单一些，只要根据成果要求设计合适的飞行高度，就可以保证航飞的正常进行。在山区，地面高差比较大，有些地区甚至超过 2000 m，为了保证点云密度的均匀性和影像分辨率的一致性，需要将航摄区域根据平均高程分成多个不同的测区进行航摄飞行，以保证最终成果的精度满足任务要求。

（4）检校场选择

在航线设计中，检校场要尽量选择在测区附近。选择类似机场跑道或高速公路，或至少 1000 m 长、20~50 m 宽的较大平坦区域，并且校准区内必须有一座较大的"人"字形尖顶建筑物。

3. 飞行设计流程

针对公路勘察设计的特点，飞行设计的流程如图 3.3 所示。

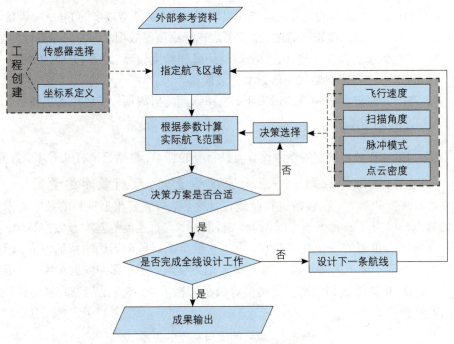

图 3.3　飞行设计流程

4. 地面控制

地面控制是整个航飞实施阶段的重要组成部分，一般分为检校场地面配合和测区地面配合。检校场地面配合针对检校场开展工作，主要包括现场确认、检校

场标识布设与测量、基站布设与配合观测、控制点测量等方面。测区地面配合主要包括基站选择与配合观测、野外检查点观测等。

（1）基站布设

首先是检校场布设，包括以下三个方面。

1）校准控制场。选择类似机场跑道或高速公路、至少 1000 m 长、20~50 m 宽的较大平坦区域。沿道路两侧各 1 m、每间隔 5 m 实测一个控制点，形成两条实测大地剖面，用于校准 LiDAR 的相对高程和绝对高程。可以选择机场跑道或城市中央区域主干道附近。检校区域覆盖范围 2 km×2 km。

2）校准建筑物。校准区内必须有一个较大的"人"字形尖顶建筑物，用于校准俯仰角和航偏角。建议建筑物长度大于 50 m、宽度大于 30 m、高度大于 5 m。

3）尽量远离水面等低回波的地区。这样的区域回波比例比较低，有时会造成激光信号不足，检校精度低等现象。

同时，为配合实施检校场航飞任务，检校场附近需要布设一个地面基站。理论上讲，基站点距离检校场越近越好。同时，该基站也是检校场平面检查点测量和高程控制点测量的起算点，从这个角度来讲，该基站与检校场之间的距离也需要尽量近，尽可能位于检校场内，便于后续工作的开展。当在检校场内布设基站点有困难时，可以在其他位置布设检校场基站，但该基站点应位于距离检校场 15 km 的范围内。另外，该基站点标识应能保留一段较长的时间，因为平面检查点和高程检查点均需要以该点为参考。

其次是飞行地面基站布设，测区地面基站一般选择在公路沿线附近，至少需布置 3 个以上的地面基站。如果该工程已经完成首级工程控制测量，则最好是利用首级控制网点作为基站点，如果没有控制测量点，则需要提前埋设标识，必须与已知点联测、检核。

（2）控制点测量

1）平面控制点测量。平面控制点采用 GPS 静态测量的方法进行观测，根据观测点与基站点之间的距离，选择观测时间 5 ~ 15 分钟、卫星高度角不小于 15°，每一个检查点均要保存相应点之记。四等 GPS 平面控制网以边连接或网连接方式构成。

2）高程控制点测量。高程控制测量可采用水准测量方式（平原微丘区）或三角高程测量（山岭重丘区）方式施测。野外测量数据当天使用计算机进行处理，并对原始数据实行双人备份。水准测量困难的地区可采用光电测距高程导线测量代替四等水准。但无论采用哪种方法，为了提高高程比较精度，在高程控制点选择与量测过程中要注意以下几点：高程控制点要选择在相对平坦的地方（如道路、机场跑道等）；高程控制点尽量位于航迹线的正下方；提供尽量准确的平面坐标；高程控制点的精度控制在 5 cm 之内。

5. 数据采集

机载激光数据采集实施阶段主要分为三个阶段：飞行准备、空中数据采集、数据下载和预处理。

（1）飞行准备

飞行准备阶段主要完成以下工作。

1）地面基站点的数据搜集和实地踏勘。

2）机载 LiDAR 设备及附件安装调试，并测量相关偏心数据。

3）与机组人员沟通飞行路路线。

4）和飞行调度协调，确认是否可以起飞。

（2）空中数据采集

空中数据采集主要完成以下工作。

1）空中设备检查。

2）按照飞行设计要求进行检校场飞行。

3）按照飞行设计要求进行数据采集区飞行。

4）记录设备异常情况，并及时处理。

5）记录是否有飞行漏洞，并视情况及时进行补飞或安排补飞。

（3）数据下载和预处理

每架次飞行完毕后，及时下载采集的各项数据并进行预处理和检查。主要完成以下工作。

1）每架次飞行完毕确认数据完整，符合要求后，在飞机降落机场约 10 分钟后通知地面 GPS 基站关机。

2）及时下载每架次飞行完毕后的数据。

3）数据预处理，（检查数据质量及飞行质量）：根据飞行质量要求，看是否有漏片、有云等，是否需要补摄或重飞。

3.1.2　车载激光雷达数据采集

1. 车载激光雷达设备

车载三维激光扫描集成车有加拿大 Optech 公司研制的 Lynx 系统、日本东京大学研制的 VLMS 系统、日本拓普康公司的 TopCon IP-S2、英国 MDL 和 DynaScan 公司、美国 Applanix 和 Trimble 公司、德国 Breuckmann 等公司也供应相应的设备。我国有中国科学院深圳先进技术研究院研制生产的车载三维激光扫描系统、立得空间信息技术股份有限公司研制生产的第一代车载 CCD 全景三维采集车系统和第二代激光三维采集车系统、天津市星际空间信息有限公司和东方道迩等引进改良的国外车载三维激光扫描技术及测量车。另外，首都师范大学、

山东科技大学、武汉大学、同济大学、南京大学、北京建筑工程学院测绘与城市空间信息学院、中国测绘科学研究院等科研单位也相继研发了车载激光三维数据或全景影像采集系统等。

（1）加拿大 Optech 公司的 Lynx 系统

该车载激光雷达设备的基本参数见表 3.4。

表 3.4　Lynx 系统设备参数

Lynx Mobile Mapper 山猫移动测图系统	V100	V200
可配激光传感器数量	1～2个	1～2个
数码相机	支持，200万×200万像素	支持，200万×500万像素
最大测距能力	100 m（20%反射率）	200 m（20%反射率）
测距精度	±8 mm／1σ	±8 mm／1σ
绝对精度	±5 cm／（1σ）[1]，[2]	±5 cm／（1σ）[1]，[2]
脉冲发射频率	100 kHz	75 kHz，100 kHz，200 kHz，速度可调
多次回波探测能力	4次回波信息，12 bit自动增益	4次回波信息，12 bit自动增益
扫描频率	150 Hz	80～200 Hz，可调[4]
扫描视野	360°全方位扫描	360°全方位扫描
电力需求	直流12 V，最大30 A	直流12 V，最大30 A
作业温度	−10℃～+40℃（范围可以扩大）[3]	−10℃～+40℃（范围可以扩大）[3]
存储温度	−40℃～+60℃	−40℃～+60℃
激光安全等级	IEC/CDRH Class 1 人眼安全	IEC/CDRH Class 1 人眼安全
载车需求	所有汽车均可兼容	所有汽车均可兼容

注：[1] 指 GPS 观测质量良好的情况，卫星高度角 10° 时 PDOP 值小于等于 3；

　　[2] 精度可通过数据后处理进一步提高；

　　[3] 指不安装数码相机的情况下；

　　[4] 4800～12 000 转／分钟。

　　1）Lynx 系统具有如下特点：主动式直接采集数据；光速测量，节约时间；采用先进的传感器技术和惯性导航技术；多个传感器同时工作可有效消除激光阴影；采集得到高密度的点云数据，直接获取地面三维信息。

　　2）Lynx 系统的作业配置。放置在车内的主控计算机可控制多达 4 个 Optech 激光传感器头和带检校参数的工业相机。设备操作人员只需连接笔记本电脑就可以控制整个系统。

　　3）Lynx 系统的设备安装。系统传感器部分集成在一个可稳固连接在普通车顶行李架或定制部件的过渡板上。标配的支架可以分别调整激光传感器头、数码相机、IMU 与 GPS 天线的姿态或位置。高强度的结构足以保证传感器头与导航设备间的相对姿态和位置关系稳定不变。

4）Lynx 系统的软件功能：Lynx-Survey 与 Lynx-Process 是一套业内领先的软件解决方案，提供了完整的路线规划、项目执行、惯性导航数据处理、激光数据后处理与信息提取功能。

Lynx 系统组成如图 3.4 所示。

图 3.4　Lynx 系统组成

（2）美国 Trimble 公司研制的车载 LiDAR 系统

该车载移动测绘系统由定位定姿系统（POS）、激光扫描仪（LiDAR）与数字相机、工业化计算机系统组成。在移动数据采集过程中，POS 系统能进行高频率、高精度的定位定姿，并且在 GNSS 信号失锁的情况下依靠惯性测量装置（IMU）依然能保证系统正常工作。与传统数据采集方式相比，车载移动测绘方式采集数据速度快、精度高、信息量大，既有激光点云数据也有图像纹理数据。车载移动测绘系统采用模块化设计，安装拆卸简单、方便，能为城市管理、交通、公共安全、应急、灾害、大比例尺制图、三维建模等基础数据建设提供快速准确的高精度数据采集解决方案。

（3）英国 3DLM 的 StreetMapper 360

英国 3DLM 公司专门从事三维道路和隧道测量，它将常年积累的丰富经验

与 IGI 机载激光雷达设备 LiteMapper 相融合，共同创造了车载激光雷达系统 StreetMapper360。StreetMapper360 具有能快速测定道路、能随时上路施测以及费用比航飞要低廉等优势，其测距精度可达 5 mm，综合测点精度达到厘米级，测程可达 300 m，单扫描仪每秒可测 30 万个点，测量频率可达 300 kHz。这套系统还使用了先进的直接惯导辅助定位技术（DIA），有效解决了 GPS 信号失锁的问题，对于机载系统无法探测的隧道等地物的测量，具有无法替代的优势。

2. 技术指标

车载激光扫描系统拥有多个相互关联的子系统，包括激光感应、GPS 定位、IRS 内部指令、数码摄像等部分。所有的这些子系统直接影响着数据的采集效率。其中，激光感应系统的性能不仅决定着数据成果的精确度，而且还影响着整套系统的作业模式和实用性，涉及三个重要的技术指标：精度、视场角、数据叠加处理能力。

（1）精度

激光感应子系统的精确度决定着最终数据成果的适用性，激光感应子系统质量的高低直接影响着测量工程的进展。低成本、廉价的激光感应系统应用于车载系统以后，其获得的数据满足不了测量的需要，生成的三维数据只可用于展示地物的外部特征，难以生成真实、可靠的数据模型。

（2）视场角

激光感应子系统的视场角大小直接决定着外业测量的效率。大的视场角可以帮助移动载体改进工作路线，简单的几个来回就能完成一个大测区的全部扫描和数据采集工作。

（3）数据叠加处理能力

这取决于几个因素：车辆的行驶速度、镜像扫描速度、系统测量速度等。车辆的速度在测区的数据采集过程中对数据的叠加处理速度有很大的影响，镜像扫描速度直接影响整个系统的数据压缩过程。

3. 数据采集操作要求

车载激光扫描数据采集过程相对较为简单，但在设备检校、路线设计以及基站布设等方面有一些操作要求。

（1）设备检校

设备安装至载运工具上后，要对设备进行检校测量，获得外方位元素的相关信息后，方可进行工程测量工作。

车载激光雷达设备检校方法是找一栋外形规则的较大建筑物和一段尽可能直的道路（约 1 ~ 2 km，宽度不小于 10 m），匀速（16 ~ 20 km/h）绕建筑物一周后再反方向绕建筑物一周，所得的数据可以通过检校获得俯仰角的值；同理，对选定的道路匀速地进行往返测量，则可以从所得数据中获取侧滚角的值。

（2）路线设计

1）单侧测量。若载运工具上只安装一侧设备进行测量，则在墙角、构造物、电杆等背向面容易出现盲区，因此要进行往返测量，消除盲区的影响，得到较为完整的激光点云数据。

2）两侧测量。若载运工具上两侧均安装设备进行测量，只需依照路线方向前进，不需要往返测量即可得到较为完整的激光点云数据。

（3）基站布设

为保证车载激光雷达扫描测量和 GPS/IMU 技术的实施，需要在测区沿线布设 GPS 基站，架设高精度 GPS 信号接收机与车载 POS 系统内置 GPS 接收机同步进行 GPS 观测。基站选址原则如下：

1）站点附近视野开阔，无强磁场干扰。

2）站点附近交通、通讯条件良好，便于联络和数据传输。

3）站点附近地表植被覆盖稀疏、浅薄，以抑制多路径效应。

4）点位需要设立在稳定的、易于保存的地点。

5）一般基站均匀交叉分布在测量路线的两侧 1 km 范围内，基站间距不小于 5 km。

为了提高测量效果，基站的数量、位置要在测量开始前确定，并且可随时调整，但必须保证载运工具所在测区有不少于 2 台基站可以正常工作。

（4）操作要求

1）测量开始前，基站必须全部开机并处于稳定接收状态。

2）设备经初始化，状态正常后，静置 15 分钟，绕"8"字后开始测量。

3）随时关注设备状态，如果发生异常或者卫星信号较差时，应立即停车，等异常情况消除或者卫星信号恢复后，方可继续测量。

4）载运工具的行驶应尽量保持匀速平稳，保证采集数据的精度。

3.1.3　地面激光雷达数据采集

1. 地面雷达激光设备

地面激光扫描技术在硬件方面也经历了急速的发展。日本东京大学 1998 年开始进行地面固定激光扫描系统的集成与实验，之后又研制开发了车载激光扫描测量系统 VLMS。C. Frueh 等人则构造了动态的 3D 数据获取系统，用以重建街区、城市等的场景模型。自 20 世纪 90 年代以来，许多研究机构都致力于此类系统的研制和开发，目前已经成功地用于高速公路调查、GIS 信息获取及水下地形测绘等诸多方面。美国的 Cyra Technologies 公司研制和生产了 Cyrax 系统，技术着重于中远

距离目标的测量应用，可以获得 4 ~ 6 mm 的测量精度，如建筑模型、地面施工、电站、传播设计等大型项目的建模、监测提供了全新的测量手段。其数据采集、管理和建模集成在一起，优于常规光学测量仪器、近景摄影测量以及人工测量方法，是一个典型的基于地面的高精度三维激光扫描系统。德国的 SICK Optio-Electronic 公司生产和销售的 CMS390 平面区域量测扫描系统和 TWS390 追踪扫描雷达系统则是较为典型的二维扫描应用系统，德国的 IBEO Lasertechnik 公司、法国的 MENSI 公司、奥地利的 Riegl 激光测量公司以及瑞士的 Leica 公司等也有较成熟的产品。美国、法国和中国香港的一些大学和研究机构也正在积极进行这方面的研究工作。当前地面激光扫描系统（特别是移动系统）的产品和应用正处于发展阶段，其数据获取及处理技术正成为国际研究的热点，将地面激光扫描系统用于三维城市重建和局部区域空间信息的获取，已成为激光扫描技术发展的一个重要方向。

现在地面 3D 测量技术已经发展到更远的工作距离和更多的应用领域，如 I-SITE 公司的 3D 激光扫描仪的工作距离达到了 88 m，Riegl 公司 LMS-Z620 的工作距离已达到 2000 m，适于更大规模的现场监测，如露天煤矿、地质灾害监测等。随着技术的不断发展，已出现了越来越多类型的地面激光扫描仪，并且很多地面激光扫描仪具备的功能已开始向传统的测量仪器靠近，如具有对中、整平、定向及双轴补偿等功能的 3D 激光扫描仪的出现，减少了扫描数据处理工作，加快了工程速度，并能获得可靠的精度。激光扫描与传统的单点测量（如全站仪、GPS 测量）不同，前者可以获取对象表面成千上万个点的三维坐标，而且可以获取对象表面的深度影像信息。目前有瑞士 Leica、美国 Trimble 等公司有商用产品，每台售价 150 万美元左右，作用距离大多在 100 m 以内。国产的地面激光扫描仪的最大测距为 200 m，价格是进口的一半，换装大功率激光器后可以增大测量距离，根据需要可以达到 1000 m 以上。三维地面激光扫描系统经过十几年的发展，作为精确、快速获取空间信息的工具已得到广泛的认同。其中较为成熟的系统有 HDS、Regel LMS 系列。

HDS（high definition surveying）被称为徕卡高清晰测量系统，是全球范围内最先将三维激光扫描技术应用于改造工程、细部测量、工程设计与咨询以及地形测量等项目。徕卡 HDS6000 三维激光扫描仪将扫描仪、控制器、数据存储器、电池一体化高度集成，采用相位式扫描技术用于超高速测量的生产潜能，具有水平 360°，垂直 312° 的视场角，每秒 500 000 点的采集速度，能快速高效完成现场测量，能大大降低工程成本。

Rigel LMS 系列地面三维激光扫描仪依靠广角、高精度、快速数据获取等优势被广泛应用于自动控制及机器人技术、地形测绘、采矿业、市政工程、城市模型、隧道测量等领域，是快速获取高精度三维立体图像及空间模型的便捷仪器。

传承了欧洲在光机电技术独特优势特点的法国 MENSI 公司是国际上最早研发并应用三维激光扫描技术的机构之一。通过高质量的整合 CCD 技术、激光技术、机械传感技术，MENSI 公司分别研发了中距三维激光扫描系统 MENSI S10/25 及远距三维激光扫描系统 MENSI GS100/GS200 等，远距三维激光扫描系统在 100 m 范围内的实测精度达到 2.5 mm，在 50 m 范围内的实测精度达到 1.4 mm，是实时的真彩色三维激光扫描系统，扫描视场角达到水平与垂直方向各 360°，实现了全角实景扫描，每秒可扫描 5000 点，扫描距离可达 350 m，同时具有激光束全自动距离自适应聚焦功能，大大提高了扫描空间的均匀精度。

Optech 公司的 ILRIS-LR 是目前市面上测距最长的地面三维激光扫描仪，与其他扫描仪相比，它具有最高点密度的扫描能力。ILRIS-LR 的设计使得对冰雪的扫描以及湿的地物表面的扫描成为可能，无论是精确度还是准确度与之前广受好评的 ILRIS 产品保持一致。

ILRIS-LR 主要特点有：雷达具有 10 kHz 的激光发射频率，测距能力大于 3000 m，可以扫描冰雪，提高了对湿地表面的测量能力。

Optech 公司的 ILRIS-3D 是一台完整、完全便携式的激光影像与数字化的测图系统（图 3.5），可用于商业、工程、采矿和工业市场。系统由高度集成化的数字影像获取设备和复杂的软件工具所组成，它完全是面向 21 世纪的商业化产品。ILRIS-3D 大小只相当于一台全站仪，装有 310 万像素的数码相机和大型 LCD 监视器，还有一个类似数码相机的视频接口，使用它的人无需经过专门的训练。在性能的扩展方面，ILRIS-3D 主要是具备高采样率和 3 ~ 1700 m 的大动态范围，ILRIS-3D 在所有作业模式下也是完全保证人眼安全的，甚至可以直接通过双眼望远镜观察其可见光束。

图 3.5　ILRIS-3D 系统

2. 采集过程

地面 LiDAR 数据采集过程与传统的全站仪测量方法类似，数据采集过程中的控制点布设要注意以下两个方面。

1）在测区内布置控制点，以便于将扫描坐标系一到外部坐标系下，控制点要求通视良好，各点间距大致相等。

2）在控制点附近选择扫描站点时，通常选择平坦、稳定的地方，且在保证精度的情况下，每个扫描点应能最大范围地扫描到目标场景。

地面激光扫描的数据采集过程较为简单，其流程如图 3.6 所示。

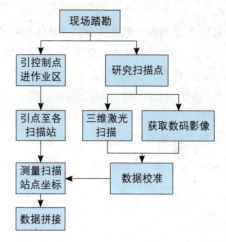

图 3.6　地面激光扫描的数据采集流程

3.1.4　采集数据类型

1. 点云数据

机载激光雷达的激光脚点在空间的分布是离散且不规则的，称为点云。有些激光脚点位于真实地形表面，有些位于地物上面。由于点云是离散随机散布的，所以无法确保地物或地面的每一个特征点的坐标都被采集到，导致地形特征数据丢失。激光脚点的随机性给 LiDAR 数据的快速检索带来困难。此外，随机分布的激光脚点使机载激光雷达数据较难分类。

激光雷达的点云数据一般采用美国摄影测量与遥感协会（American Society of Photogrammetry and Remote Sensing，ASPRS）提出的 LAS 格式进行存储，LAS 格式很好地顾及了点云数据的特点，结构合理，便于扩展，成为通用的 LiDAR 数据格式。点云数据是 LiDAR 的主要数据产品，大多数 LiDAR 数据处理都是针对点云数据进行的。

一个完整的 LAS 文件格式由头文件、变长记录和 LiDAR 点集记录三部分组成，如图 3.7 所示。

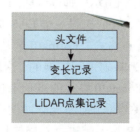

图 3.7　LAS 文件结构

（1）头文件

头文件用来记录 LiDAR 点总数、数据范围、LiDAR 点格式、变长记录总数等数据集的基本信息。头文件中应记录 LAS 文件的生成方式，以此表明该 LAS 文件是由硬件采集数据直接生成的，还是通过对已有数据进行提取、融合、修改后得到的。为了能够减少每条记录的长度，头文件中记录了 X、Y、Z 方向比例尺因子和偏移值。

每个 LiDAR 点的实际坐标值可按式（3.1）计算：

$$\left.\begin{aligned}
X_{\text{coordinate}} &= X_{\text{record}} \times X_{\text{scale}} + X_{\text{offset}} \\
Y_{\text{coordinate}} &= Y_{\text{record}} \times Y_{\text{scale}} + Y_{\text{offset}} \\
Z_{\text{coordinate}} &= Z_{\text{record}} \times Z_{\text{scale}} + Z_{\text{offset}}
\end{aligned}\right\} \tag{3.1}$$

（2）变长记录

变长记录是 LAS 格式中最灵活的部分，用来记录数据的投影信息、元数据信息以及用户自定义信息等。每条变长记录包括变长记录头和扩展域两部分（见表 3.5），变长记录头是固定的，扩展域相对来说比较灵活。

表 3.5　LAS 变长记录

记录头	记录标识
	用户ID
	记录ID
	扩展域长度
	描述信息
扩展域	

"记录标识"用来判断每条变长记录的起始位置；"用户 ID"用来记录变长记录的创建者，一般采用一个字符串的形式。LAS 格式保留了 LASF_Spec 和 LASF_Projection 两个用户 ID。对于每个用户 ID，有 65536 个记录 ID（0~65535）可以自由分配，LAS 保留的用户 ID 由 LAS 格式确定。

（3）LiDAR 点集记录

点集记录部分保存了大量的 LiDAR 脚点信息，LAS 支持从 Format0~Format99 共 100 种 LiDAR 点记录格式，但是在同一个 LAS 文件中，只能使用与头文件中描述的点格式一致的 LiDAR 点格式。Format0 是基本的 LiDAR 点记录格式，其他的点格式都是以 Format0 为基础进行扩展的，这样可保证 LiDAR 点格式中属性记录的灵活性和扩展性。Format0 格式的点记录包含了空间 X、Y、Z 坐标、激光反射强度值、当前点的分类号、当前激光脉冲的回波总数、当前脚点属于第几次返回等属性。考虑到 LiDAR 按条带进行扫描的特点，在 Format0 的点记录中，

还包括当前激光器扫描角度和当前点是否为条带边缘点等信息。这些信息的录入有助于在数据处理时进行条带间数据的匹配和拼接。

2. 波形数据

波形数据是使用全波形记录仪得到的信息，它将发射信号和回波信号均以很小的采样间隔（0.1～0.15 m）进行采样并加以记录，而不是仅仅提供若干次离散的回波信号，从能量的连续性分布的角度来看，波形数据才是 LiDAR 数据的原始数据。小光斑的波形数据用作商业用途，直到 2004 年才被 Riegl 公司所采用，但发展迅速。目前，很多商业 LiDAR 设备（ALTM GEMINI、ALS60、LiteMapper 6800 等）都能够提供波形数据。

目前，对于这种波形数据的处理还处于初级阶段，Riegl 公司只是将波形数据进行分解，得到离散的点云数据，Leica 公司也只提供波形数据的显示和分解后的数据。这些公司都没有公开自己的分解算法，也没有提供对分解结果的精度评估和评价以及实践中使用波形数据的方法。

小光斑波形数据主要有如下优点：可以得到更多数量的激光脚点；可以得到更多次的回波数据；用户更了解数据采集的实际情况，可以采取更合适的方法进行解算，得到更高精度的点位坐标；如果使用波形分解方法，能够得到每次地面目标反射的波形，进而得到振幅（强度信息）、回波宽度、回波位置和反射系数等参数，为后续的分类等应用提供数据。当然，这种方法也有很明显的缺点，比如数据量太大，包含了很多冗余信息，给数据处理带来很多负担等。

3. 影像数据

LiDAR 数据能够直接获得目标点的三维坐标，提供了传统遥感数据缺乏的高度信息，但却没有包含光谱信息、纹理信息等，这些信息对辨识物体具有重要的作用。为了针对遥感应用，目前几乎所有的商用 LiDAR 系统都配装了数码相机，为 LiDAR 点云数据提供辅助的光谱影像信息，协助分类地物。由于配装的数码相机并不是专门为航空摄影测量准备的，因此，尽管同时获得影像，仍然存在光谱影像与激光点云的配准问题。解决方法是，利用 LiDAR 系统的 POS 设备获取相机曝光瞬间的方位元素，将数码相片经过解算，得到与点云数据一致的坐标。一般将影像结合点云（DSM）数据，制作真正射影像（true ortho image）。

4. 红外数据

在一部分机载激光雷达设备上集成的相机可同角度同时获取 5 个波段（R、G、B、IR、PAN）专业的影像来满足当前航测制图与遥感应用的需求。如徕卡在此基础上推出的两款新型镜头 SH51／SH52 用于 ADS40 系统，能够高效率地获取真

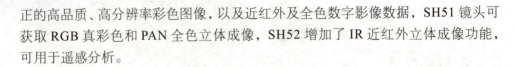

正的高品质、高分辨率彩色图像，以及近红外及全色数字影像数据，SH51 镜头可获取 RGB 真彩色和 PAN 全色立体成像，SH52 增加了 IR 近红外立体成像功能，可用于遥感分析。

§3.2　激光雷达数据处理

激光雷达数据处理一般包括预处理与后处理两部分。其中预处理是通过测量参数解算激光雷达数据点的三维坐标值，一般由系统仪器配套的软件解算，后处理是在计算出的三维坐标值的基础上针对不同的应用进行处理。

3.2.1　激光雷达数据预处理流程

数据预处理是对 LiDAR 数据进行正确处理的前提条件，有效的数据预处理可以降低 LiDAR 数据处理的计算量和提高目标的定位精度。

原始激光数据仅仅包含每个激光点的发射角、测量距离、反射率等信息，原始数码影像也只是普通的数码影像，没有坐标、姿态等空间信息。只有在经过数据预处理后，才完成激光和影像数据的"大地定向"，即具有空间坐标（定位）和姿态（定向）等信息的点云和影像数据。因此，激光雷达数据预处理主要包括几何定位与数据滤波两大部分。

不同载体的激光雷达系统具有不同的定位过程，目前已有的激光雷达系统仅能通过配套相应的数据预处理软件进行定位解算。而数据滤波方面，除运营商自带处理软件外，还有很多非商业自主研制的软件，在确保数据格式满足软件的前提下，均能完成数据滤波过程，对数据获取的平台没有特定的限制。

对于机载激光雷达，现采用的数据预处理软件主要有 Applanix 的 POSspac，Leica 的 IPAS 等。对于车载和地面，需要通过两种类型的软件才能使三维激光扫描仪发挥其功能。一类是扫描仪的控制软件；另一类是数据处理软件。前者通常是扫描仪随机附带的操作软件，既可以用于获取数据，也可以对数据进行相应处理，如 Riegl 扫描仪附带的软件 RiSCAN Pro。而后者多为第三方厂商提供，主要用于数据处理。Optech 三维激光扫描仪所用的数据处理软件为 Polyworks10.0。

1. 机载激光雷达数据预处理

机载 LiDAR 数据预处理的过程就是将机载动态 GPS 数据、摄影姿态数据与地面基站静态 GPS 数据进行组合计算处理，从而提高动态 GPS 数据精度，并通过 GPS 与 IMU 的互相解算，将定位和测姿精度控制在测量误差允许的范围内，

其处理过程如图 3.8 所示。

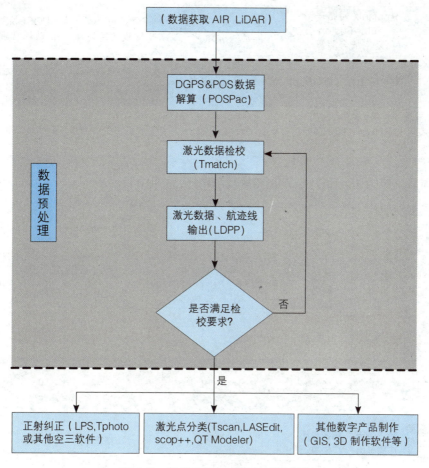

图 3.8　机载 LiDAR 数据处理流程

数据预处理的步骤主要有：

1）地面基站 GPS 静态解算，结合永久站数据。

2）机载 GPS 差分解算，结合永久站数据。

3）GPS/IMU 数据卡尔曼滤波联合解算航迹线。

4）通过航迹线与测距数据，解算激光点云数据。

以上解算过程通过设备硬件厂家提供的处理软件操作自动化实现。以 Optech 公司提供的 POSPac 软件为例，该软件能够提供网络差分 GPS 解算（smartbase）、差分 GNSS 解算（differential-GNSS）、单基站差分解算（single basestation）和精密单点定位解算（precise point positioning，PPP）四种解算方法，见表 3.6。这四类方法各有优劣，由用户根据工程项目的实际情况和条件具体选择合适的解算方式。

表 3.6 四种解算方法基本情况对照

	Applanix 网络差分和In-Fusion紧密耦合解算		In-Fusion紧密耦合单基线解算		POSGNSS松散耦合解算		POSGNSS松散耦合解算	
	理想精度	较弱精度	短基线	长基线	差分GNSS	精密单点定位	实时GNSS	辅助GNSS
定位精度	3~10 cm	10~15 cm	< 10 cm	< 10 cm	< 10 cm	10~50 cm	4~6 m	< 1 m
最大基线	70 km	> 70 km	20~30 km	100 km	30 km	n/a	n/a	n/a
最大倾斜角	——	20°	——	20°	20°	20°	20°	20°
起始与结束基准	基线网内	基线网内	10~20 km	10~20 km	30 km	n/a	n/a	n/a
最少基线数	4	4	1	1	1	0	0	0
最大基线数	50	50	1	1	8	0	0	0
是否需要星历数据	Y 精密星历 广播星历	Y 精密星历 广播星历	N	N	N	Y 精密星历	N	N

根据 GPS/IMU 耦合方式的不同，可以归纳为松散耦合和紧密耦合两类处理模式。松散耦合解算是先将整个测区中 GPS 基站及机载 GPS 数据进行解算，然后与 IMU 记录的 POS 数据进行拟合；紧密耦合解算是利用 GPS 的采样数据对 IMU 高频采样数据进行修正，从而提高定位精度。两者在实际应用中各有优势，需要针对不同的数据情况选择使用。

（1）松散耦合

在差分 GPS/ INS 的松散组合中，使用差分 GPS 独立解算出载体的位置与速度，同时使用 INS 在一定坐标系内进行导航，得到载体的位置、速度和姿态，然后通过摄动法建立 INS 的误差方程作为滤波方程，以 GPS 和 INS 分别算得的位置和速度之差作为滤波方程的输入量，将滤波结果中的 INS 传感器误差进行反馈校正，以 INS 的导航结果作为最终的解算结果。运算流程如图 3.9 所示。

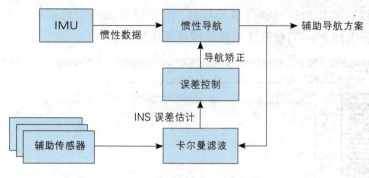

图 3.9　松散耦合运算流程

（2）紧密耦合

　　使用 GPS 单点观测量或差分观测量作为滤波器的输入。在双差模式下，不用考虑 GPS 时钟偏差和时钟偏差率这两个状态参数。且在双差模式下，GPS 的观测量有双差伪距、双差载波相位和双差多普勒频移。因此常用伪距结合多普勒频移和载波相位结合多普勒频移两种组合方式（分别称为伪距双差 / INS 组合和载波相位双差 /INS 组合）进行解算处理，在卫星数不足时，采用 INS 辅助 GPS 进行周跳检测和修复，使得系统状态和伪距双差 / INS 组合的状态一致。运算流程如图 3.10 所示。

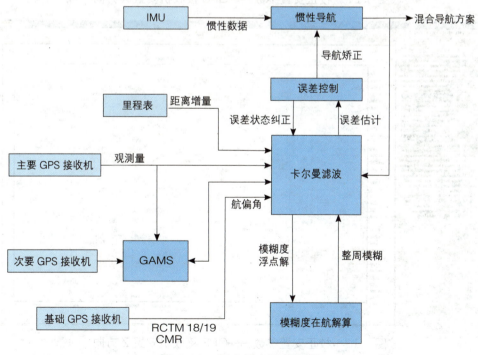

图 3.10　紧密耦合运算流程

对解算后的数据进行初评价及校准，主要根据如图 3.11、图 3.12、图 3.13、图 3.14、图 3.15 所示的检查选项对处理精度作出评价。

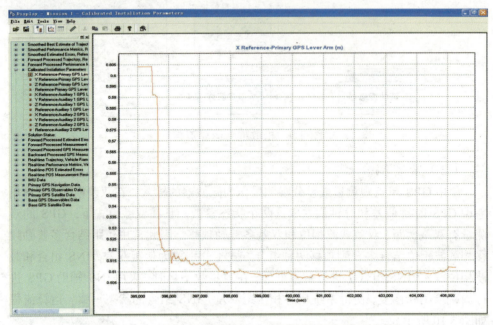

图 3.11　校正安置参数——GPS 接收机安置 X 方向

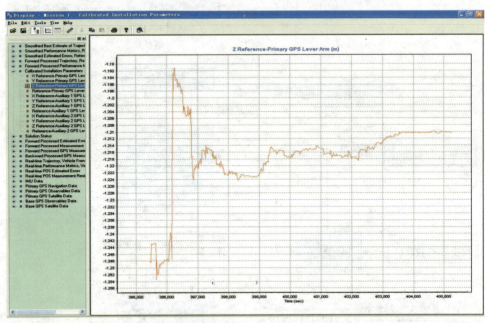

图 3.12　校正安置参数——GPS 接收机安置 Z 方向

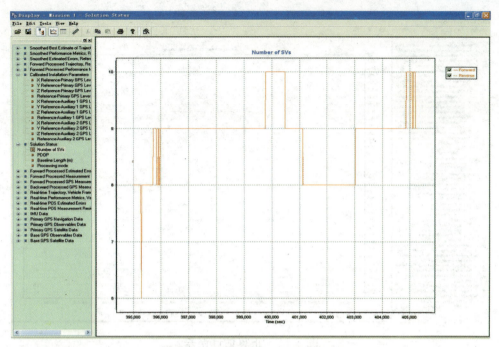

图 3.13　解算状态（卫星数量）

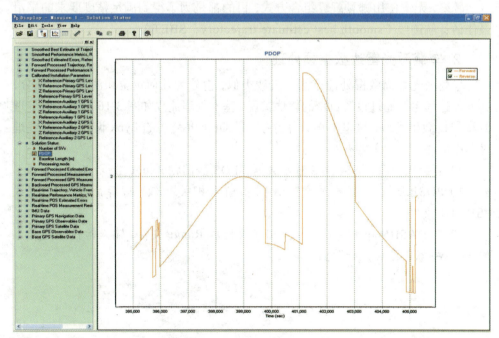

图 3.14　解算状态（PDOP）

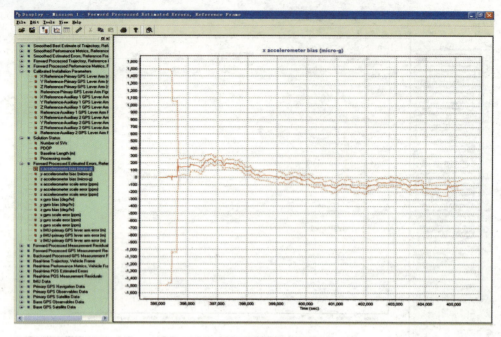

图 3.15　正算估计误差

最终，无论使用哪种解算组合方式，目的都是为了得到满足精度要求的平滑最佳估计航迹线（smooth best estimate trajectory，SBET）。

2. 车载激光雷达数据预处理

车载激光扫描数据处理方法与机载类似，也分为几何定位和滤波两大部分，其处理过程主要通过设备自带的软件实现，基本处理流程如图 3.16 所示。因处理方法与机载相类似，这里不作具体介绍，以 Optech 公司的 Lynx 设备为例，处理过程中的注意事项主要有：

1）测量完毕后，下载 GPS 基站数据、POS 数据和 Range 数据。

2）POSPac 软件中导入这些数据和输入相关参数，解算后获得轨迹线（SBET）文件。

3）在 DASHMap 软件中导入 SBET 文件和 Range 文件，输入检校后的外方位角参数，获得激光点云数据。

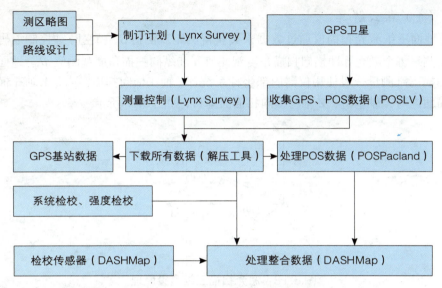

图 3.16　Lynx MobileMapper 系统数据处理流程

3. 地面激光雷达数据预处理

　　地面激光雷达系统与机载、车载激光雷达系统不同，没有集成 GPS 与 IMU 设备，采集数据时以单个站点进行数据采集，故在地面激光雷达数据预处理的过程中，站与站之间的数据拼接很重要。虽然地面三维激光扫描仪获取数据的速度非常快，但由于数据量很大，因此数据处理需要耗费大量的时间，一般每种扫描仪都配备有专门的点云数据处理软件，点云数据处理的内容根据项目和应用的不同有所不同，一般包括数据解算、坐标配准、去除噪声、点云滤波压缩。其处理流程如图 3.17 所示。

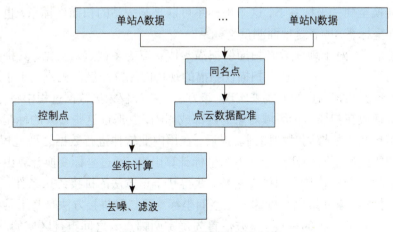

图 3.17　点云数据处理步骤

（1）点云解算

地面三维激光扫描仪通过数据采集获得测距观测值 S，精密时钟控制编码器同步测量每个激光脉冲横向扫描角度观测值 α 和纵向扫描角度观测值 θ。地面激光扫描三维测量一般使用仪器内部坐标系统，X 轴在横向扫描面内，Y 轴在横向扫描面内与 X 轴垂直，Z 轴与横向扫描面垂直，如图 3.18 所示。

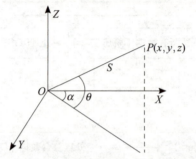

图 3.18　激光扫描三维测量原理

由此可得到三维激光脚点坐标的计算公式：

$$\left.\begin{array}{l} X = S\cos\theta \cos\alpha \\ Y = S\cos\theta \sin\alpha \\ Z = S\sin\theta \end{array}\right\} \tag{3.2}$$

每一种扫描仪通常配备有专业的解算程序，可自动解算获取地面的三维点云数据。

（2）点云拼接配准

由于每一站所获取的点云数据是处于当前扫描站坐标系下的，且每一站坐标系是相对独立的，为了得到整个测区的完整表达，必须将每站扫描坐标系下的点云数据转换至同一坐标系下，这个坐标系可以是某一站的扫描坐标系，也可以是某一局部坐标系，或者是地面测量坐标系。

一般来讲，对于地面激光扫描仪扫描实体获取的多视点云数据，其拼接方法主要有两种：第一种是通过在扫描仪扫描的视场内配置测量标靶或基于不同测站共用的测量公共控制点的方式来实现。该方法在扫描仪采集数据过程中将标靶（或控制点）摆放在扫描目标区域对象的内部或周围，并保证这些公共的标靶在不同的扫描视场角内能够同时扫描到。最后，在用内业软件进行数据处理过程中，将这些标靶所处的不同测站坐标系下的坐标计算出来，通过坐标变换计算出点云拼接的参数。由于标靶是专门拼接参数，获得基于该方法的拼接约束条件，对点云数据进行拼接，以获取高精度的三维空间坐标。第二种拼接方法是基于具有一定重叠区域的特征点云的拼接，该方法首先确定两幅点云之间重叠区域的同名点，

并根据所确定的同名点来获取多视点云拼接约束条件。扫描时必须保证被扫描的对象在不同的扫描视场内有足够的公共区域，才能够解算出较理想的多视点云拼接参数，获得很好的拼接精度。

本书主要采用公共区域内最近的点作为同名点来匹配，即公共点匹配拼接法。基本思想是给定点集 $P_c = (x_c, y_c, z_c)$（需要进行坐标变换的对象）和参考点集 $P_a = (x_a, y_a, z_a)$，则点云的配准模型为

$$\left. \begin{array}{l} x_a = r_{xx} x_c + r_{xy} y_c + r_{xz} z_c + t_x \\ y_a = r_{yx} x_c + r_{yy} y_c + r_{yz} z_c + t_y \\ z_a = r_{zx} x_c + r_{zy} y_c + r_{zz} z_c + t_z \end{array} \right\} \tag{3.3}$$

其中 12 个未知数中 9 个是坐标轴旋转矩阵参数 r，3 个是坐标轴平移参数 t，故需要 12 个方程才能解算出 12 个未知数。

要使 P 能够和 Q 匹配，首先对 P 中的每一个点在 Q 中找一个与之最近的点，建立点对的映射关系，然后通过最小二乘法计算一个最优的坐标变换，进行迭代求解直到满足精度为止。用这种方法计算两个点集间的匹配关系使用的是最邻近原则，而不是通过寻找同名点对应，因此每次迭代计算都向正确结果接近一些，通常迭代计算需要几十次才能收敛。该方法无法完全自动化，只能通过交互操作的方式人为判断拼接效果。

这样将所有扫描站的扫描点云转换到具有相同坐标系下，从而使这些测站的数据统一到相同的坐标系统中。

（3）去除噪声

由于测量仪器等方面的原因，在获取的原始点云数据中不可避免地存在着各种噪声点，这些噪声点对后续数据处理以及模型构建质量具有很大的不利影响。因此，在进行点云数据操作之前，首先要进行噪声消除的工作，将其中的噪声数据点去掉，这个过程称为点云的去噪滤波。去噪滤波的目的是去除测量噪声，以得到后续处理所用的点云数据。

由于三维激光扫描系统获取的三维场景原始点云数据中的噪声点一般为非高斯噪声，而中值滤波可以有效去除这种噪声，并可较好地保存边缘信息，是一种非线性的数据平滑方法，因此，采用中值滤波器去除噪声。具体算法过程描述如下：

1）根据选用的模板确定某一中心像素的邻域值。

2）对该中心像素所有邻域值进行统计排序。

3）用统计排序结果的中间值代替中心像素的值。

4）选取图像中的最大联通区域 S_{max}，如果 S_{max} 小于中心像素的值，则认为其属于噪声，将其去除。

（4）滤波

对机载激光扫描数据的分类方法主要有形态学法、移动窗口法、高程纹理法、迭代线性最小二乘内插法、基于地形坡度法、移动曲面拟合法等，大部分都是基于三维激光数据的高程突变等信息进行的。地面激光扫描数据不同于机载扫描数据，其采样点分布较为密集，地面点和地物点有明显区别，三维激光扫描仪与目标地物之间还存在树木、行人、车辆等遮挡物，目标地物之后也有大量其他冗余数据，因此，不能直接沿用机载激光扫描数据处理方法进行地面激光扫描数据处理。在对地面激光扫描数据进行分类方面，很多学者进行了大量研究和尝试，取得了一定进展，但是还都是局限于对距离图像中目标对象的初步分类。如日本东京大学 D. Manandhar 等人利用每个断面扫描点的点位空间分布特征（几何结构、分散程度及点密度信息）将建筑物、道路和树木等初步分离，武汉大学李必军等人基于建筑物几何特征，直接从车载激光扫描数据中提取建筑物平面外轮廓信息，香港理工大学的史文中等人则提出基于投影点密度的车载激光扫描距离图像分割与特征提取方法来区分不同目标。根据分类时所考察对象的不同，现有的分类算法可以分为两种。一种是基于点的方法，即通过考察单个点与其周围邻接点间的关系判断点的类别，大多数的滤波方法都属于这一种。但在裸露地面的不连续边缘处和建筑物边缘处，仅凭单个点的邻接关系常常无法正确区分点的类别。另一种方法是基于分割的滤波方法。该方法先将点云分割成段，然后再根据段间的关系判断段的类别。该类方法较其他方法更多地考虑了段的上下文关系，但容易造成对点云的过度分割。目前，对于地面激光扫描数据的识别分类尚没有有效的工具和方法。

本书尝试采取多种方式相结合的方法进行点云数据分类滤波处理，最终将不同的目标对象提取出来。首先利用数理统计的方法剔除掉含有粗差的观测数据和无效形体数据，得到场景中目标对象的最佳估值，然后根据激光扫描回波信号强度和扫描点与扫描仪中心点的距离进行目标对象的初步辨别，将回波信号强度和距离信号位于各自阈值范围之外的对象滤除，再根据地面目标的空间分布特征，利用其在水平面上的投影提取不同的目标对象。

3.2.2　激光雷达数据预处理注意事项

1. 检校场的选择和测量

按照激光数据预处理中对于三个角度（旋偏角、侧滚角和俯仰角）的检校，需要选择平地和带人字形房顶的建筑物，在实际项目生产中，平地一般可以选择机场跑道、高速公路的直线路段，大型体育场等，人字型房顶的建筑物可以选择工厂的厂房、开发区的建筑物等。

对于检校场的测量，建议使用 RTK 的测量方式进行。由于激光数据的检校可以在基于 WGS-84 坐标系的情况下进行，因此无需进行正常高测量。必须注意的是，RTK 测量所使用的基站或者连续运行基准（CORS）站都需要和飞行时所使用的基站处于统一的坐标系统中，这样才能保证测量精度的一致性。

2. 检校方案的制定

对于机载激光来说，由于不同的地形条件决定了不同的飞行高度，而检校参数又会受到飞行高度的直接影响。对于检校方案的制定，必须参考具体的飞行计划，根据飞行计划中制定的具体分区方案，按照不同的高度要求飞行检校场。然后对不同的飞行数据采用不同的检校成果，这样才能够有效地保证检校精度的可靠性。

3. 检校精度的评价

激光的检校方法分为绝对检校（absolute calibration）和相对检校（relative calibration），两者检校的方法不同，得出的检校精度也不尽相同。一般来说，在实际项目生产中，由于检校场的测量存在一些问题，例如机场跑道测量的许可、高速公路测量的危险性、工厂厂房测量的许可等，有时候会存在无法得到准确目标的情况，这种情况下我们大多采用相对检校的方式。通过相对检校，可以确保各架次、各航带之间的匹配良好，而整体精度则可以通过采用与地面控制点进行精度比较的方法确定。而绝对检校，则是在检校过程中利用地面已知点对激光数据进行校正，从而达到项目数据成果的可靠性要求。在实际项目生产中，这两种方法都大量采用。

3.2.3　激光雷达数据后处理流程

1. 激光数据后处理软件

目前，国际上激光数据后处理软件主要有 TerraSolid 系列、Erdas LPS 以及 LiDAR Analyst 软件模块，国内也有相关软件投入应用。

（1）TerraSolid

TerraSolid 系列软件是第一套商业化的 LiDAR 数据处理软件，基于 MicroStation 开发，运行于 MicorStation 系统之上，包括 TerraMatch、TerraScan、TerraModeler、TerraPhoto、TerraSurvey、TerraPhoto Viewer、TerraScan Viewer、TerraPipe、TerraSlave、TerraPipeNet 等模块。TerraSolid 系列软件能够快速地载入 LiDAR 点云数据，在足够内存的支持下，载入 39 000 000 个点只需要 40 多秒。

1）TerraMatch 软件模块。用于调整激光点数据的系统定向差，测激光面间或者激光面和已知点间的差别并改正激光点数据。TerraMatch 能当作激光扫描仪校正工具来使用可解决激光扫描仪和惯性测量装置之间未对准的问题，最终将旋偏角、侧滚角和俯仰角的改正值应用到全部数据中。实际的工程数据中可能存在数据源错误，TerraMatch可改正整个数据或对每条航线单独作改正。

2）TerraScan软件模块。可读入原始的激光点云数据，并以三维方式显示数据，可交互式地判别三维目标，另外还具有自定义点类别、激光点自动或手动分类、数字化地物、探测电力线、矢量化房屋、生成激光点的截面图、输出点分类等功能。

3）TerraModeler软件模块。可在同一个设计文件里处理任意数量的不同表面，并且可以交互编辑这些表面，是功能齐全的地形模型生成模块，能建立三维剖面图，创建等高线图、规则方格网图、坡向图、彩色渲染图。

4）TerraPhoto软件模块。利用地面激光点云作为映射面，对航空影像进行正射纠正，产生正射影像，整个纠正过程可以在测区中没有任何控制点的条件下执行，纠正过程简单。能根据地表面精确构造激光点三角面模型，根据高程值逐像素纠正影像。

（2）Erdas LPSCore 核心模块

具有专业级数字摄影测量软件和遥感图像处理软件的核心功能，用于处理航空航天类传感器影像的内定向、相对定向、绝对定向以及传感器模型的空三计算，区域范围内大量航片、卫片的快速正射纠正、镶嵌等基础图像处理。采用流程化的处理方式，支持8bit和16bit数据深度以及无限制的波段数，可处理大于2GB的图像，管理大到48TB的影像文件，支持各种水平及垂直数据、坐标系统及地图投影，包括由用户定义的系统及坐标转换，支持图像不规则接边的镶嵌，自动进行颜色匹配、颜色平衡、颜色过渡。

（3）LiDAR Analyst 软件模块

LiDAR Analyst是一个用于从机载LiDAR数据中提取3D特征的软件，可进行特征提取、DEM编辑、剔除山体阴影、构建建筑物、设置建筑物属性、提取树木点特征和森林面特征。主要功能有：全自动地从LiDAR数据中提取3D特征，简单、快速并精确地提取多种特征和地球表面的地形信息，提取具有复杂顶层特征的3D建筑物（如剖面、圆屋顶等），提取的特征包含有属性特征（如建筑物的高度、屋顶的类型、顶宽度等），提供对3D形状和地形表面的编辑工具，可提取等高线。

（4）国产 LiDAR 数据处理软件研究成果

在相关国家计划的支持下，我国中科院光电研究院、中科院上海技术物理所、浙江大学等单位都在研制机载激光雷达系统，并取得了一些进展和突破。在数据处理方面，由于LiDAR数据主要是离散的密集三维坐标点，其数据的有效组织和管理、可视化渲染、快速高效的分类处理等都是难点，国内在这方面的研究也有近十年的历史。桂能公司领先自主开发了激光雷达数据可视化分类软件产品

LSC，可对大面积激光点云数据进行任意角度、多种显示模式的浏览，具有去航带重叠、实时构建 TIN 模型、高程着色、去噪点等功能，集成工作流管理、丰富的工具箱和项目管理功能，形成了一套完整的激光点云数据处理解决方案。

国家"863"计划"十一五"期间支持了机载激光雷达数据处理软件平台课题，经过三年的研究，开发研究了"机载 LiDAR 数据处理软件系统 ALD Pro"，实现了点云可视化、数据管理、滤波分类和配准融合等功能，在测绘、数字城市和林业等行业有所应用，但是距离实用化和商用化还有一段距离。

2. 激光雷达数据后处理流程

经过数据预处理然后，将三维激光扫描数据转换到二维坐标系下面的数据，然后根据计算机图形学中的相关或者类似的滤波方法对结果数据进行处理。以便提取出所要得到的建筑物的有关信息。计算机图形学中常用的也是很重要的滤波方法有中值滤波 (medianfilter) 和均值滤波 (meanfilter)，我们可以使用类似的方法滤出想要的信息。所谓中值滤波简单地说，就是一个窗 (window) 中心的像素值就是这个窗包含的像素中处于中间位置的像素值；而均值滤波则是以窗包含像素的平均值作为窗中心的像素值。深度图像的分割与压缩在处理转换后的二维坐标系下的数据时，采用的并不是中值滤波或者均值滤波方法，而是类似的方法，在处理时也要考虑建筑物的三维扫描数据在二维坐标系下面的数据一般由线段组成的特点，树木由于树叶的存在，也会影响三维扫描得到的结果，将它们转换到二维坐标系下的形状是一些散乱的点，而其他目标物体如树木、线杆、天桥等物体的形状却又不相同，因此仅仅采用中值滤波或者均值滤波等方法是无法提取出所要目标物体的有关信息的。

拿建筑物来说，按照常识，建筑物上面某一个点与其他点的夹角不可能超过 90°，因为如果大于这个值的话，激光扫描仪是无法采集到这部分数据的，只能是其他物体的扫描测量数据。要想得到它的扫描数据，就需要考虑利用其他特征提取。建筑物的扫描数据应该是由某些有规律的线段所组成的，如果所得到的点很散乱，以及某一范围内的点数不在某个范围之内 (考虑到树叶的影响，这个点数不可能大于某一个值，范围阈值的选取使得它不可能小于某一个值)，即类似于计算机图形学中的中值滤波算法的处理方法，将二维坐标系下的三维激光扫描数据进行滤波处理，滤除道路两侧的树木、线杆、天桥、建筑物栅栏等扫描数据，得到所要采集的建筑物立面的扫描数据。这种处理方法的优势在于：

1）速度快。即对于城市等大规模建筑物集结区，也可在很短时间内完成作业任务，且随着城市规模的变化，作业处理的时间相对变化较小，而不像传统的测量作业那样，城市的规模对作业的时间是一个关键因素。

2）自动化程度高，劳动强度低。外业采集的数据均由计算机控制，1 ~ 2 个人即可完成测量工作，并显示最终的结果。

3）精度高。车载激光数据采集系统所采集的数据量大，数据密度高，完全能够反映城市道路两侧目标地物的立面特征，从而可以相当精确地计算出城市中所测目标地物立体面上任何一点的三维坐标，精度主要受各个传感器的精度以及传感器之间校验的精度影响，在实际处理过程中，最终所采集的数据精度可以控制在厘米级，这就使得操作过程中的误差部分可以忽略，几乎可认为可以精确得到目标地物的三维坐标。

4）通用性强，固定投资少。硬件设备可广泛用于各种规模的城市目标地物的自动测量，而城市目标地物（主要是道路两侧的目标地物）有很大的类似性，使得该系统可用于不同城市地区的作业，而无需作较大的改变。

5）主动性强，能全天候工作。由于本系统主要传感器为激光扫描仪，不需要考虑光线的影响，另外，整个系统以测量车作为平台，从而不用考虑外界各种天气等的变化。

6）全数字特征，信息传输、加工、表达容易。由于各种原始数据以及处理得到的结果数据都是采用数字表示的，因而各方面的处理很容易。

3. 适用于公路勘察设计的点云滤波方法研究

在几何定位趋于成熟的条件下，滤波分类技术已成为 LiDAR 数据处理的关键环节，分类精度的高低直接影响生产成果的质量和应用范围。尤其是现代高速公路对勘测质量和勘测效率提出了更高的要求，因此迫切要求我们根据公路勘测的具体要求摸索一套精度高、速度快的点云滤波分类方法。

经典的滤波算法是基于点云数据，利用高程突变的原理进行滤波。由于点云数据记录的每个点的三维空间数据都有高度信息，可以对相邻的两个或几个激光脚点进行处理判断，以去除非地面点。基本思路是，地球表面是连续的，在很近距离内的采样点的高差应该在一定的范围内，如果出现变化太大的情况，则不是由地形的起伏所引起，而是出现了非地面物体，此时，较高点很有可能位于地物上，是非地面点。如果两临近点间的距离越近，高差越大，则较高点位于地物的可能就越大。这样，当距离相近的激光脚点的高差大于某个事先确定的阈值时，就可以将低点认为是地面点，而高点认为是地物点。

目前，很多滤波算法都考虑使用信息融合的方法来提高滤波的效率和效果。例如，使用影像数据，结合纹理信息，采用数字图像处理的方法也能够区分一部分非地面点。还有些生产部门使用人工辅助分类的方法提高滤波的效果。随着更多的传感器集成到 LiDAR 设备中，有更多的信息可以使用，采用多种信息能更全面地反映出目标的特性，从而判断其性质。

针对公路勘察设计，应用滤波的流程如图 3.19 所示。

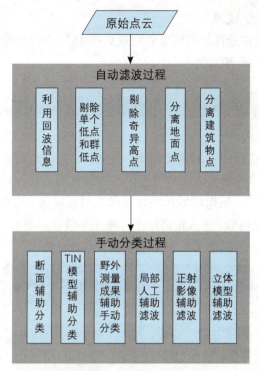

图 3.19　点云滤波分类流程

分离地面点是整个滤波过程中最重要的一步，在本书中我们研究基于不规则三角网（TIN）的滤波算法，这种算法的主要步骤是：首先，获取一定的地面种子点组成初始的稀疏不规则三角网，然后对各点进行判断，如果该点到三角面的垂直距离及角度小于设定的阈值，则将该点加入地面点集合，实现地面点的增加；接着使用所有确定的地面点，重新计算不规则三角网，然后再对非地面点集合内的点进行判别。如此迭代，直到不再增加新的地面点，或者满足给定条件为止，Terrasolid 软件进行滤波（地面点分类）使用的就是这种原理。这种方法的关键之处是阈值的选取，使用不同的阈值会产生截然不同的滤波结果。其中有四个重要参数控制地面点分类的精度，它们是最大建筑物尺寸、最大地形坡度角、迭代距离、迭代角。

（1）最大建筑物尺寸

若测区内有大量建筑物，需量测最大建筑物的尺寸，此时，这个参数需根据实际最大建筑物尺寸设定，否则可能将建筑物错分为地面点；若测区为山区，建筑物较小，则此参数可适当变小。同时要兼顾测区的地形条件，当地形条件比较复杂时，应限制点云分块的大小，即限制最大建筑物尺寸大小。另外，在不同地形条件下要设置不同的分类参数，经过反复试验，得到最优的分类结果。

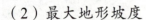

（2）最大地形坡度

在平缓地区，通常选择地形坡度角的默认角88°，在陡峭地区可适当调高地形坡度角，通常为89°或90°。

（3）迭代角

在平缓地区选择较小的迭代角，在陡峭地区，适当增大迭代角。

（4）迭代距离

在荒芜的郊区选择较小的迭代距离，在城区，迭代距离适当增大，根据实际情况还需作出进一步判断；迭代角与迭代距离通常耦合在一起，需根据实际地形条件作出正确的判断。根据地形和地物复杂度可总结为：地形复杂度越高，迭代角越大；地物复杂度越低，迭代距离越小。常用参数设置见表3.7。

表3.7 点云自动滤波参数设置

地形和地物复杂度	最大建筑物面积 / m²	最大地形角 / °	迭代角 / °	迭代距离 / m
城区建筑物密集地区	220	88	4.0	0.5
城区植被密集地区	220	88	8	0.6
山区地形较陡植被密集	60	89	12	0.8
池塘较多区	60	60	8	1.0
农田田埂较多地区	100	88	10	1.5
山区地形较陡植被较少	60	89	12	2.5

通过以上自动滤波的相关研究，为LiDAR数据的产业化应用提供了良好的保证。针对公路勘察设计的需要，我们将点云分类成果大致分为初步分类成果和精细分类成果两类。

初步分类成果指成功完成预处理并经过成果精度的初步检验，所有噪点完全剔除，初步自动分类地面点无重大错误，接边完好。初步成果通常用于方案研究阶段的应急图制作、快速正射影像制作以及地形图调绘等。

精细分类成果是在初步分类的基础上完全编辑出精细化点云模型，由地面点构建的模型规则合理，沟坎处等地物特征形状完整合理，可真实表达测区地理信息，一般用于初测矢量绘图，以及断面提取、土石方计算、真三维制作等。

其中，精细分类成果的制作可融合影像信息辅助进行分类，尤其是道路及桥梁边坡上，存在如下两个问题：

1）对于道路和桥梁边坡，由于激光扫描时不一定有点到达边坡边缘，缺少精确落在边坡拐角上的点，直接将位于路面上的点与边坡上的点进行联合构建TIN，导致DEM的内插精度降低。

2）在对点云数据进行自动滤波处理时，部分位于高速公路路面和路基上的

点被作为非地面点滤除，导致作为地面点的点云数据不能准确地描述高速公路的路面和路基形状，故高差较大。

针对以上问题，经过试验研究分析，可采取如下解决方案改善由 LiDAR 构建的数模精度。

对于将桥梁作为非地面点滤除的情况，可以参照正射影像描绘出包含桥梁的二维矢量多边形，将该多边形导入滤波处理后的 LiDAR 点云数据，分离出位于该多边形内的非地面点，然后将这些点与地面点合并，重新构建数字地面模型。

对于高速公路，可参照正射影像绘制出路面边缘的三维矢量线，矢量线各拐点的二维平面坐标即为其中心投影坐标，高程坐标值则可根据拐点所在的局部领域内的 LiDAR 点，采用最邻近法或空间距离的加权平均法赋值。

最邻近法：

$$h_i = \left\{ H_j \middle| D_{(i,j)} \leq D_{(i,k)}, i, j, k \subset P \right\} \tag{3.4}$$

式中，$D_{(i,j)} = \sqrt{(x_i - y_j)^2 + (y_i - y_j)^2}$，$P$ 为点 I 的局部领域所包含的 LiDAR 点集。

加权平均法：

$$h_i = \sum_{k \subset P} a_k H_k \tag{3.5}$$

式中，a_k 为第 K 个点的权重，与点 K 到点 I 的二维平面距离成反比。

此外，参照正射影像描绘出包含高速公路的路面和路基上的二维矢量多边形，将该多边形导入滤波处理后的 LiDAR 点云数据，分离出位于该多边形性内的非地面 LiDAR 点，然后将这些点与地面 LiDAR 点合并，将合并后的 LiDAR 点作为地形点，将赋高程值后的三维矢量线作为约束线，重新建模，对点云滤波精度进行改善。

4. 异常数据处理

在采用 LiDAR 设备采集数据的时候，会遇到一些突发情况导致异常数据产生，针对这些突发情况应作相应的分析并探索合适的解决方案。

（1）参考面提高精度

在数据采集后对采集数据精度进行检查时，有可能会遇到数据整体偏移的情况，这可能是由于设备不稳定，或是解算的时候有些参数的选择不合适，还有可能因为地面基站的布设，以及现场检校等诸多因素导致，此时可采用参考面提高精度的方法。

（2）水域内信息缺失

红外波段激光束照射到纯水中时，只有很少的能量被反射出来，因此传感器在这些区域无法获取信息而导致信息的缺失。然而，当水中的泥沙或叶绿素含量增加时，反射出来的能量随之增加。由于诸如上述复杂情况的存在，想要生成高质量的数字表面模型(DSM)，传感器的特性优劣是需要加以考虑的，另外也可采用 DSM 内插的方法进行拟合。

（3）大气中水汽过重的解决方案

在南方地区飞行时常会遇到阴雨天气，雨后太阳照射下，水汽上升，此时不宜进行 LiDAR 勘测。这是因为激光大气传输特性导致大气湍流、云雾和空气中的水、灰尘等对 LiDAR 的回波信号幅度和相位等都会产生较大的副作用。

在此种情况下，外业人员的经验是，在雨后或潮湿的地方，需要曝晒一天等水汽蒸发后，才可采集数据；倘若天气一直不佳，也可在光照严重不足的阴天进行，但要满足必要的安全高度。因为 LiDAR 可在云下工作，或是夜航作业。

（4）在悬崖和陡坡地区实测

对于悬崖和陡坡地区，由于投影面积小，采集到的数据点也少，对成果精度有不利影响，可在航线设计时设法弥补。例如分别在两岸布设航线，利用最大 25° 的扫描角度进行侧视扫描，或者在重点区域垂直河道布设航线等，都可以增加这些特殊区域的有效数据点数。

5. 三维建模

针对数码相机获取的影像，对该区域内处理后的点云数据进行三维重建，并对数码相片进行纠正后配准到点云上形成真实的三维场景，对于道路的辅助设计和路线优化很有价值。

目前阶段，需要通过两种类型的软件才能使三维激光扫描仪发挥其功能：一类是扫描仪的控制软件，另一类是数据处理软件。前者通常为扫描仪随机附带，如 Riegl 扫描仪附带的软件 RiSCAN Pro，既可以用于获取数据，也可以对数据进行相应处理；后者多为第三方厂商提供，主要用于数据处理，如 Optech 三维激光扫描仪所用的数据处理软件 Polyworks 10.0。

为了真实地还原扫描目标的本来面目，需要将扫描数据用准确的曲面表示出来，这个过程叫曲面重构。曲面常见表示种类有：三角形网格、细分曲面、明确的函数表示、暗含的函数表示、参数曲面、张量积 B 样条曲面、NURBS 曲面、曲化的面片等。经过曲面重构后，就可以进行三维建模，还原扫描目标的本来面目。

最近几年，三维激光扫描技术不断发展并日渐成熟，三维扫描设备也逐渐商业化。三维激光扫描仪的巨大优势在于可以快速扫描被测物体，不需反射棱镜即可直接获得高精度的扫描点云数据。这样一来，可以高效地对真实世界进行三维建模和虚拟重现。因此，这一技术已成为当前研究的热点之一，并在文物数字化保护、土木工程、工业测量、自然灾害调查、数字城市地形可视化、城乡规划等领

域有着广泛的应用。

（1）测绘工程领域

大坝和电站基础地形测量、公路测绘、铁路测绘、河道测绘、桥梁、建筑物地基等测绘、隧道的检测及变形监测、大坝的变形监测、隧道地下工程结构、测量矿山及体积计算。

（2）结构测量方面

桥梁改扩建工程、桥梁结构测量、结构检测、监测、几何尺寸测量、空间位置冲突测量、空间面积、体积测量、三维高保真建模、海上平台、测量造船厂、电厂、化工厂等大型工业企业内部设备的测量；管道、线路测量、各类机械制造安装。

（3）建筑、古迹测量方面

建筑物内部及外观的测量，古迹（古建筑、雕像等）的保护测量、文物修复，古建筑测量、资料保存等古迹保护，遗址测绘，赝品成像，现场虚拟模型，现场保护性影像记录。

3.2.4　激光雷达数据后处理注意事项

1. 激光数据后处理生产的工程管理

激光数据属于海量数据，在实际生产项目中，需要批量处理，因此必须采用工程管理的方法进行数据生产。传统航空摄影测量项目工程管理的思路是按照成图范围将激光数据进行分块，然后由项目经理分配给各作业人员处理好接边、镶嵌等问题。由于激光数据量经常以百万点级别计算，因此所需要的软件和硬件配置必须满足处理所需。总之，激光数据的处理必须按照工程的模式进行，才可满足批量生产的需要。

2. 激光数据后处理的坐标转换

预处理过的激光数据一般处于 WGS-84 平面坐标系和大地高系，但我们所需要的最终成果通常为国家坐标系和正常高系，因此在进行数据后处理之前需要进行坐标转换。一般采取的方案如下。

（1）平面转换

采用七参数方法，至少需要 4 个已知点来求得转换参数，如图 3.20 所示。参数确定后在相应的软件中设置，如图 3.21 所示。按照这样的方法，在进行数据后处理过程中可以满足平面转换的方案要求。

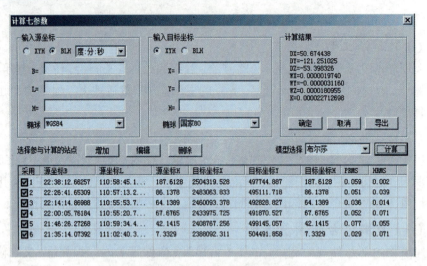

图 3.20　计算七参数界面

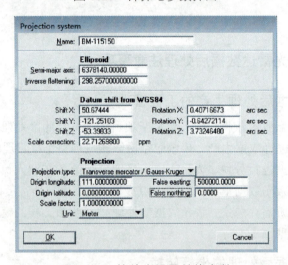

图 3.21　软件中设置转换参数

（2）高程转换

通常采用高程拟合的方法，利用软件自带的高程拟合功能，采集一定数量的高程拟合点参与计算，从而达到高程拟合的目的。

通过以上两种方式可解决坐标转换问题。值得特别注意的是，由于点云的坐标转换是直接通过转换参数即可批量进行的，因此在实际生产中，点云不受坐标转换的影响，可以在数据预处理完毕后直接进行，待转换参数求解完毕后，再进行转换也可。而正射影像则不可如此实施，必须在转换之后进行。

第4章　多源激光雷达数据集成技术与应用

§4.1　多源激光雷达数据集成

随着 LiDAR 新型勘测技术应用的逐步成熟与完善，其应用根据承载设备的不同出现了各种分化，如星载、机载、车载、船载等 LiDAR 设备，不同平台采集的激光雷达数据具有不同的特征，将不同平台数据的优势整合可为行业应用带来高精度的基础数据。

4.1.1　应用平台选择

星载设备一般安置在空间卫星上，可对全球进行空对地扫描，获取大面积的地球表面地形数据，多用于国土测绘、环境等国家科研课题；机载设备主要使用在公路勘察设计、电力巡线、数字城市等项目，作用是快速获取条带状大面积区域地形数据，由于其扫描间距为 1 m 左右，因而无法作精细的地物测量，如道路边缘测量及道路周边附属设施测量等，但就其精度特点却很适合作为道路详细设计阶段的基础数据，能达到 1:2000 的测图精度要求。车载设备在此基础上应运而生，多作为机载的有效补充，可对路面及其道路周边附属设施进行高精度的数据补充，给后期的可视化、道路养护提供优质的数据源，也可作为扩建前期的基础数据保留，展示扩建前与扩建后的道路规划对比效果；船载设备主要针对海岸线及其海底、河道、滩涂等地物进行勘测扫描。

机载和车载相比就如同一个宏观一个微观，宏观上可以用机载设备采集道路沿线的地形、道路走向等信息，微观上可以用车载设备精细采集沿道路行驶方向上的道路及其周边附属构筑物信息，细致到一条排水沟、道路两侧的电线杆和电线、路面的破损等数据。此外对于一些特殊地形，如地形坡度近似 90° 甚至大于 90° 的地区，机载激光扫描仪根本无法达到，这时需要辅以地面激光扫描技术。另外，数据的精度和 LiDAR 设备与被勘测物的距离成反比，距离越远，精度越低。因而地面的设备与机载设备相比，在精度上有很大的提高，更有利于精密地形地物测绘。

从整体上说，对于大面积大区域范围内的公路地形测绘，采用机载 LiDAR 无论从效率还是精度上考虑都是最佳选择，而地面激光扫描技术可作为局部特殊地形或需获取公路沿线构筑物的精密数据的技术补充。而对旧路的改造或者局部破碎地区的变化监测则更加适宜用车载设备这种效率和地形精度都能达到较高要求的技术。

对于公路勘察设计来说，前期大规模的公路选线一般采用机载设备采集地形数据，对于局部特殊地形可辅以地面扫描；在勘察设计中期阶段的线路优化和详细设计阶段，对于需获取精密三维的构筑物或局部地形数据的地方，可采用车载或地面激光扫描方式；而在公路勘察设计后期的道路监测和养护工程中，车载扫描方式是最佳选择。

总之，在公路勘察设计中，这三种技术是相辅相成的，只有加以综合和灵活应用，并从数据挖掘的角度达到多源扫描技术的集成，才能更好地用于公路勘察设计的各个阶段。图 4.1、图 4.2、图 4.3 分别为机载、车载和地面获取数据的点云数据。

图 4.1　机载 LiDAR 获取地形数据

图 4.2　车载 LiDAR 获取路面及路面两边的建筑物信息

图 4.3　地面 LiDAR 获取的构筑物精密三维信息

4.1.2　大地水准面精化技术

在常规大地测量中,大地水准面高是将地面测量结果投影归算到参考椭球面所必需的基础数据。大地水准面是定义正高高程系统的基准面,是大地测量学的垂直基准面,又是确定参考椭球的一个约束面,由参考椭球面与大地水准面的最佳拟合准则可求得参考椭球的形状、大小和定位参数,因此大地水准面是定义和建立大地测量坐标系起基准作用的一个曲面。

GPS 可直接测定地面点的大地高,精度可达厘米级。若已知厘米级精度大地水准面,由一点的大地高与大地水准面高之差可得该点的正高。GPS 水准测高目前可以代替国家四等水准或三等水准测量,这一 GPS 水准测高技术的进一步发展将要求不断提高大地水准面的分辨率和精度,使其能和 GPS 垂直定位及等级水准测量精度相匹配。

1. 重力数据的处理

重力测量是在地球表面上进行的,测得的结果是一些分布不规则的离散点重力值,由于局部空间重力异常,变化规律极其复杂,若按点空间平均重力异常的简单平均数作为格网的平均值,将会带来相当大的误差。因此,在求取平均空间重力异常时,必须先将点重力异常归算至平滑的归算面上,以减少地形起伏对重力异常的影响。重力异常的归算方法通常有:布格归算、均衡归算和残差地形模型。实践表明,地形均衡异常归算比布格异常归算更平滑,一般在均衡抵偿好的地区没有布格异常的系统性效应,均衡归算比残差地形模型有更严密的理论基础。本文采用地形均衡异常进行归算、内插和推估格网空间异常。

为了保持与当前国际重力测量采用的椭球一致,在计算中采用 GRS80(即

WGS-84) 椭球作为参考椭球。

2. 似大地水准面计算的数学模型

利用斯托克斯（Stokes）积分确定大地水准面仍是目前局部重力场逼近的主要方法。由于 DTM 模型的建立加上高效的数值计算工具，在山区已普遍开始加入莫洛坚斯基（Molodenskii）级数的一次项改正。因此，目前已转入在莫洛坚斯基理论框架下确定似大地水准面的模式。由于计算斯托克斯积分和莫洛坚斯基级数解需要相当长的运算时间，因此，引入了 FFT/FHT 快速计算法来完成斯托克斯积分和莫洛坚斯基级数解。在计算斯托克斯积分的精度方面，Strang 1990 年将过去采用的斯托克斯平面近似卷积公式发展为斯托克斯球面（球坐标）近似公式。球面近似公式虽然比平面近似公式在计算精度方面有较大的提高，但仍存在"近似"，并在计算结果中产生一定的误差。为了消除这一由纬度近似产生的误差，王昆杰和李建成于 1993 年提出利用坐标转换方法消除这一误差。

3. 数据处理与数值结果分析

地面重力异常主要包括大地水准面中波信息，是决定大地水准面精度的主要因素。

在格网重力异常的内插和推估中，引入了利用曲率连续张量样条算法进行内插，这一内插方法适合重力数据稀少、分布极其不均匀和地形复杂地区，该方法是在最小曲率法的基础上增加一些自由度并松弛了曲率最小化的限制。要求拟合曲面具有连续二阶导数且全局性曲率平方最小，它能够准确拟合已知数据点（无拟合误差），同时，引入张力参数，利用连续曲率张力样条法对位场和地形数据进行格网化，更能反映出位场和地形数据的空间自相关性。

本书采用 Airy-Haiskanen 均衡归算计算格网重力异常，地形改正和均衡改正采用顾及地球曲率的严密球面积分公式，积分半径为 300 km。在绵竹 — 茂县区域计算平均空间重力异常时采用了 576 个点重力数据，为了确定绵竹 — 茂县区域似大地水准面，观测了 20 个高精度 GPS 网水准数据。计算格网布格改正、地形改正和均衡改正时采用了美国航天飞机雷达地形测绘任务 (Shuttle Radar Topography Mission, SRTM) 的空间飞行任务数据库 DTM 资料，其分辨率为 3″×3″，地形的最小、最大高程值分别为 495 m 和 4950 m。

格网空间重力异常的计算采用点均衡重力异常，点重力值上的空间改正和布格改正均由重力点上的高程计算，地形改正和均衡改正由严格的数值积分计算，得到 3″×3″ 地形改正，再利用双三次内插方法得到结果。

采用陆地 2′ 格网空间重力异常作为输入数据，以 Eig04c 模型作为参考重力场模型，似大地水准面的计算采用第二类赫尔默特（Helmert）凝集法，计算大地水准面中的各类地形位及地形引力的影响，计算地形的直接和间接影响的积分半

径均采用 300 km。

重力似大地水准面与 123 个 GPS 水准独立比较结果见表 4.1 和表 4.2，从表 4.2 可知，20 个 GPS 水准成果的标准差为 ±0.045 m，去掉系统偏移量 −0.307 m 后的最大值和最小值分别为 0.097 m、−0.063 m。

由于 GPS 水准似大地水准面与重力似大地水准面存在着垂向偏差和水平倾斜差异（表 4.1 和表 4.2），因此，将两种似大地水准面差值作为输入数据，通过球冠谐分析来消除和减小两者存在的差异。拟合后似大地水准面高与 GPS 水准的统计结果在表 4.3 里给出，从表 4.3 中可知，在绵竹—茂县区域，拟合后的似大地水准面与 GPS 水准的标准差分别为 ±0.015 m，偏差为 0.000 m，最大值和最小值分别为 0.038 m、−0.021 m。表 4.4 列出了 GPS 水准与 GPS 似大地水准面的残差，差异越小说明重力似大地水准面越高。

表 4.1　20 个 GPS 水准与重力似大地水准面的差值

点号	纬度 / °	经度 / °	差值 / m
s2034	31.802	104.444	0.064
s2036	31.157	104.441	−0.042
sg105	31.841	103.694	0.010
sg114	31.981	104.637	−0.018
sg115	31.871	104.534	0.097
sg117	31.798	104.143	0.072
sg122	31.689	104.446	0.051
sg123	31.562	104.354	−0.018
sg127	31.561	104.532	−0.012
sg132	31.447	104.601	−0.027
sg133	31.404	104.300	−0.046
sg134	31.396	104.549	−0.054
sg136	31.287	104.237	−0.023
sg137	31.286	104.498	−0.063
sg140	31.212	104.400	−0.059
sg143	31.086	104.136	0.022
sg144	31.107	104.360	−0.016
sg145	31.135	104.537	−0.003
sg146	31.053	104.212	0.022
sg243	31.009	103.663	0.044

表 4.2　GPS 水准与重力似大地水准面高的比较

点数	最大值 / m	最小值 / m	平均值 / m	均方根 / m	标准差 / m
20	0.097	−0.063	0.000	±0.045	±0.045

表 4.3　GPS 水准与 GPS 似大地水准面高残差统计

点数	最大值 / m	最小值 / m	平均值 / m	均方根 / m	标准差 / m
20	0.038	−0.021	0.000	±0.015	±0.015

表 4.4　20 个 GPS 水准与 GPS 似大地水准面的残差

点号	纬度 / °	经度 / °	差值 / m
s2034	31.802	104.444	0.010
s2036	31.157	104.441	−0.011
sg105	31.841	103.694	0.003
sg114	31.981	104.637	−0.010
sg115	31.871	104.534	0.036
sg117	31.798	104.143	0.025
sg122	31.689	104.446	0.019
sg123	31.562	104.354	−0.008
sg127	31.561	104.532	−0.008
sg132	31.447	104.601	−0.001
sg133	31.404	104.300	−0.022
sg134	31.396	104.549	−0.020
sg136	31.287	104.237	−0.006
sg137	31.286	104.498	−0.015
sg140	31.212	104.400	−0.016
sg143	31.086	104.136	0.003
sg144	31.107	104.360	−0.004
sg145	31.135	104.537	0.004
sg146	31.053	104.212	0.007
sg243	31.009	103.663	0.015

公路走廊带区域高精度局部似大地水准面及高精度 GPS 网成果，不仅可以建立与国家大地测量坐标相一致的、精确的区域大地测量平面控制框架，而且结合高精度 GPS 大地高可以快速地获取地面点的水准高程，将极大地改善传统高程测量作业模式，从而使费用高、难度大、周期长的传统高精度水准测量工作量减少到最低程度。

4.1.3　多源激光雷达数据集成

1. 机载、车载及地面激光扫描集成技术

利用机载设备可以对大面积的地形进行高空快速扫描，平面精度可达 0.3 m，高程精度可达 0.2 m。虽然在精度上车载和地面设备明显高于机载，但数据获取范围却远不及机载设备。机载设备扫描在地面上的点间距一般为 1 m 左右，也就

是说在 1 m 之内的小地形变化是被忽略掉的部分。这部分的忽略可依据项目的具体要求不同而定。但假若条件允许,可将机载数据与车载或地面扫描数据相结合,便是更完美的方案。

另外,车载 LiDAR 的激光头为双头 360°环绕式扫描,这种采集方式可有效地获取道路沿线 360°竖直区域内的所有有效数据,用于公路两边地物的三维建模,其数据集成方案如图 4.4 所示。

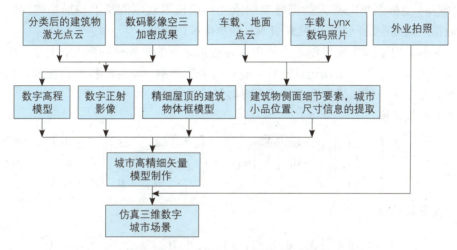

图 4.4　机载与车载、地面数据集成技术路线

在图 4.4 所示的流程中,前期的数据处理流程前面已介绍,这里不作具体阐述,关键在于数据配准和建筑物纹理的添加。图 4.5 为某城市内机载与车载的结合实例,图中高亮度区域为车载设备采集后的区域,车载设备将行车方向上的所有道路细节、标识、建筑物等道路辅助设施补充到整个大的机载场景中。

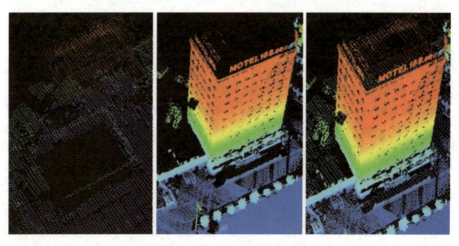

图 4.5　车载与机载数据集成对比

对于墙面纹理的添加，我们利用墙面激光点云数据构建 TIN 模型，然后把倾斜航片基于墙面 TIN 模型进行正射纠正，得到 DOM 成果。对于树木覆盖区段的墙面，首先利用地面激光雷达扫描的激光数据构建 TIN，然后对数码相片进行纠正得到正射影像，再把地面激光雷达的正射影像配准到机载激光雷达正射影像进行拼接，对拼接好的正射影像数据进行调色等处理，得到墙面纹理成果。

机载激光扫描数据与地面激光扫描数据集成主要是针对机载获取的基于 WGS-84 坐标系下的点云数据与地面激光扫描技术获取的基于扫描站的深度点云数据之间的配准问题，而究其根本是数据配准的问题。

本书采用地面实测控制点来解决多源数据之间的坐标转换问题，主要采用公共区域内实测一些分布均匀且同时具有相对坐标和绝对坐标的控制点作为同名点匹配。常规坐标转换采用七参数或九参数转换法。

七参数转换：

$$\begin{bmatrix} \bar{X}_i \\ \bar{Y}_i \\ \bar{Z}_i \end{bmatrix} = C \begin{bmatrix} v_x \\ v_y \\ v_z \end{bmatrix} \begin{bmatrix} X_i - \mathrm{d}x \\ Y_i - \mathrm{d}y \\ Z_i - \mathrm{d}z \end{bmatrix} \begin{bmatrix} \bar{X}_i \\ \bar{Y}_i \\ \bar{Z}_i \end{bmatrix} = (1+K) \begin{bmatrix} 0 & \varepsilon_Z & -\varepsilon_Y \\ -\varepsilon_Z & 0 & \varepsilon_X \\ \varepsilon_Y & -\varepsilon_X & 0 \end{bmatrix} \begin{bmatrix} X_i - \mathrm{d}x \\ Y_i - \mathrm{d}y \\ Z_i - \mathrm{d}z \end{bmatrix} \quad (4.1)$$

九参数转换：

$$\begin{bmatrix} \bar{X}_i \\ \bar{Y}_i \\ \bar{Z}_i \end{bmatrix} = \begin{bmatrix} C_x \\ C_y \\ C_z \end{bmatrix} \begin{bmatrix} v_x \\ v_y \\ v_z \end{bmatrix} \begin{bmatrix} X_i - \mathrm{d}x \\ Y_i - \mathrm{d}y \\ Z_i - \mathrm{d}z \end{bmatrix} \begin{bmatrix} \bar{X}_i \\ \bar{Y}_i \\ \bar{Z}_i \end{bmatrix} = \begin{bmatrix} 1+K_x \\ 1+K_y \\ 1+K_z \end{bmatrix} \begin{bmatrix} 0 & \varepsilon_Z & -\varepsilon_Y \\ -\varepsilon_Z & 0 & \varepsilon_X \\ -\varepsilon_Y & -\varepsilon_X & 0 \end{bmatrix} \begin{bmatrix} X_i - \mathrm{d}x \\ Y_i - \mathrm{d}y \\ Z_i - \mathrm{d}z \end{bmatrix} \quad (4.2)$$

其中七参数法中坐标轴旋转矩阵参数有 3 个，坐标轴平移参数有 3 个，外加一个尺度因子，7 个未知数需要 7 个方程才能解算出来，故至少需要 3 个控制点参与解算。

而对于九参数转换法，针对 x、y、z 三个方向采用不同的尺度因子，故一共有 9 个未知数，至少需要 4 个控制点参与解算。

这种七参数或者九参数法只能针对微小旋转角，当旋转角较大时，会产生较大的误差，降低坐标转换精度。本书采用新的配准方法，称之为四元素方法。

四元素方法的基本思想是：若目标点集 A 对应于参考集 X，对应点集满足两个点集中点的个数相等，点集中的点一一对应。

设旋转变换向量为单位四元数：

$$\boldsymbol{Q}^{\mathrm{R}} = \begin{bmatrix} Q_0 & Q_1 & Q_2 & Q_3 \end{bmatrix}^{\mathrm{T}} \quad (4.3)$$

$$Q_0^2 + Q_1^2 + Q_2^2 + Q_3^2 = 1 \quad (4.4)$$

可得 3×3 的旋转矩阵 $\boldsymbol{R}(\boldsymbol{Q}^{\mathrm{R}})$，设平移变换向量为

$$\boldsymbol{Q}^{\mathrm{P}} = \begin{bmatrix} \boldsymbol{Q}_4 & \boldsymbol{Q}_5 & \boldsymbol{Q}_6 \end{bmatrix}^{\mathrm{T}} \tag{4.5}$$

可得完全坐标变换向量 $\boldsymbol{Q} = \begin{bmatrix} \boldsymbol{Q}^{\mathrm{R}} | \boldsymbol{Q}^{\mathrm{P}} \end{bmatrix}$，则求对应点集间的最佳坐标变换向量问题可转换为 $\boldsymbol{Q}$，即使得函数最小化。

$$f(\boldsymbol{Q}) = \frac{1}{N} \sum_{i=1}^{N} \left\| x_i - \boldsymbol{R}(\boldsymbol{Q}^{\mathrm{R}}) a_i - \boldsymbol{Q}^{\mathrm{P}} \right\|^2 \tag{4.6}$$

在单位四元素法中，至少需要 3 个控制点参与解算。

采用这种坐标转换方法，既能实现点云的快速配准，又能保证精度，而且可以转换成 1954 北京坐标系等应用范围比较广泛的绝对坐标，扩大了三维激光点云的实际应用范围。

接下来是激光雷达与 POS 数据融合，目的是将所有的激光点云转换到同一个坐标系中。由于车体是移动的，因此，车体坐标系、激光雷达坐标系、北东天惯性坐标系都不能被用来作为空间基准，我们选用的空间基准为 WGS-84 大地坐标系，通过一系列坐标转换，最终将所有扫描点的大地坐标求出来。

数据后处理的目标是将所有激光点在 WGS-84 大地坐标系下的空间直角坐标求出来。坐标系转换的过程如图 4.6 所示。

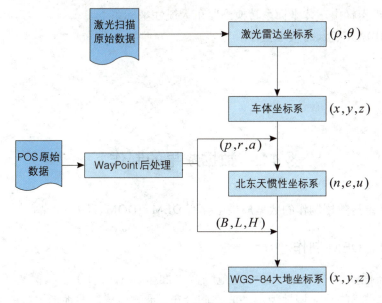

图 4.6　数据融合过程

首先解析激光数据到激光雷达坐标系中，然后根据激光雷达与惯导中心在车体上安装的位置参数，计算出激光扫描点在车体坐标系下的坐标，再将 WayPoint 处理后的 POS 数据中的侧滚角、俯仰角和旋偏角三个角度融合进来，求解激光扫描点在北东天惯性坐标系下的坐标，最后根据 POS 数据中的 B、L、H 三个参数来计算激光扫描点的大地坐标。

有了时间和空间基准，各个传感器数据的融合便有了统一的标准。由于时间基准是激光采集每帧数据的时刻 $T(t_1, t_2, t_3, \cdots, t_n)$，我们首先将各个传感器数据的时间统一到这个时刻下，时间的统一主要采用插值的方式。为了简单起见，我们采用线性插值进行处理，例如 POS 数据，根据时间线性内插我们可以得到时刻 $T(t_1, t_2, t_3, \cdots, t_n)$ 的位置姿态信息。

对于空间基准，我们的目标是将所有激光点的大地坐标求出来。这要分为以下几个步骤进行：

1）激光数据解析，即激光数据坐标转换到车体坐标。

2）解析并处理 POS 数据。

3）POS 数据插值：由于 POS 系统数据输出与激光雷达数据输出的频率不同，我们无法直接得到每一帧激光数据输出时刻的准确 POS 数据，必须通过 POS 数据插值，才能求出激光雷达测量时刻的大致 POS 参数，也就是完成 POS 数据与激光雷达数据的时间统一。

4）将点坐标由车体坐标系转换到北东天惯性坐标系下。

5）求出激光点云的大地坐标。

§4.2　数据成果的制作

由激光雷达数据制作的数据成果主要有 DEM、DOM、DLG 产品。

4.2.1　DEM 制作

数字高程模型（DEM）是一定范围内平面坐标（X, Y）及其高程（Z）的数据集，它描述的是区域地貌形态的空间分布，是对地球表面地形地貌的一种离散的数学表达。

DEM 可在不同细节层次上表达地貌形态，既可采用较大采样间隔表达大范围地形地貌，也可采用较小采样间隔精细地描述地形地貌，如图 4.7 所示。

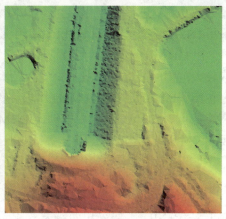

图 4.7　DEM 反映的不同细节层次的地形地貌

由 DEM 可生成等高线、坡度图等信息，应用非常广泛。如图 4.8 所示，DEM 可用于生产多种比例尺的地形图、横纵断面图，与 DOM 或其他专题数据叠加，应用于地形相关的分析，构建三维地理场景，同时 DEM 本身还是制作 DOM 的基础数据。

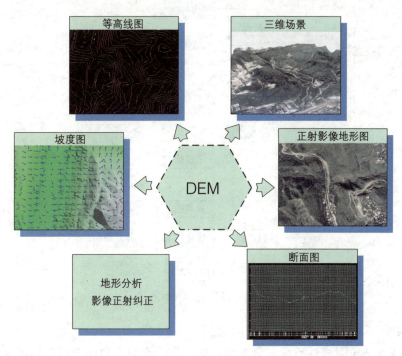

图 4.8　DEM 的用途

大比例尺 DEM 数据获取可采用的方法有：

以航空航天遥感图像为数据源，采用摄影测量技术提取 DEM；以现有地形图为数据源,进行数字化,生产 DEM;以地面实测数据为数据源,构建 DEM;采用 INSAR 技术,提取 DEM;使用机载激光雷达,快速获取大范围区域 DEM。

在 LiDAR 技术投入工程应用以前,公路勘测主要采用航空摄影测量手段获取较大范围的 DEM,大比例尺、大范围、高精度 DEM 在公路勘测中的应用面还比较窄。LiDAR 获取 DEM 的方法具有速度快、精度高、信息丰富、自动化程度高等特点。LiDAR 的应用推动了 DEM 应用的水平和效果,使得大比例尺 DEM 成为一种重要的产品,逐渐被各行业所重视。

1. DEM 的两种主要表示方法

DEM 的表达形式有多种,体系较为复杂,如图 4.9 所示的一些表示方法。但在工程应用中,主要采用两种方式表示 DEM:不规则点数据构建三角网和密度一致的规则格网点。

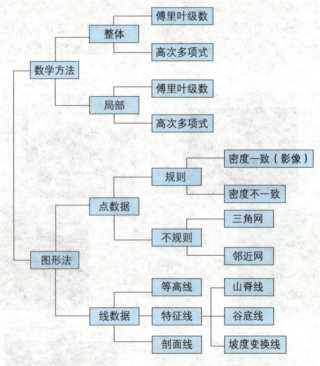

图 4.9　DEM 的表示方法

（1）不规则点数据构建三角网

不规则三角网通过不规则分布的数据点生成连续三角面来逼近地形表面,如图 4.10 所示。

从 LiDAR 点云中获取的地形点是不规则分布的,一般采用特定的文件格式保存由这些不规则点所构成的三角形面,或保存点文件并记录构建三角网的算法。

图 4.10　不规则三角网表示的地表模型

TIN 格式 DEM 保存的文件格式有多种，不同航测 GIS 软件都有自己支持的格式。常用的三角网文件格式有 ArcGIS 的 ADF 格式、Leica 的 LTF 格式、Terrasolid 的 PRO 等。目前 TIN 各种格式的通用性不佳，在实际应用中对 TIN 格式的接口开发比较繁琐。使用德洛奈（Delaunay）算法由已知点构建三角网，结果具有唯一性，因此我们可以将成果以点文件保存，在使用时采用德洛奈算法临时构建三角网表面。

（2）密度一致的规则格网点

如图 4.11 所示，将地表投影到平面后规则划分为无数个矩形格网，每一个格网中记录一个高程数值，由此可离散地表示地表模型。格网点记录了某一点的高程值，格网点之间无高程值记录，采用临近格网点内插的方式可以得到任意位置的高程。如图 4.12 所示。

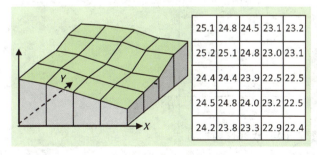

图4.11　等间距记录高程值图

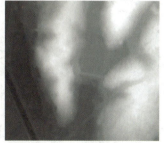

图4.12　以图像格式文件记录
规则格网点高程值

93

在规则格网 DEM 上，不记录每一个点的平面坐标，只是按照矩阵的形式记录高程值，另额外记录 DEM 数据记录左下角（或右上角）的平面坐标（X_0，Y_0）和格网高 dy、宽 dx。通过在规则格网上的位置计算平面坐标，通过格网点记录的数值计算高程。如图 4.13 所示。

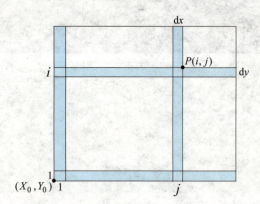

图 4.13　规则格网平面坐标示意图

由格网位置 (i, j) 计算平面坐标：

$$\left.\begin{array}{l} X_P = X_0 + j \cdot \mathrm{d}x \\ Y_P = Y_0 + i \cdot \mathrm{d}y \end{array}\right\} \tag{4.9}$$

在规则格网记录的 DEM 数据上，由任意给定平面坐标（X，Y）获取高程值是十分方便的。首先由平面坐标计算出该点的格网坐标（X，Y），采用一种内插方法，由邻近格网点记录的高程值得到当前点高程值。较为常用的内插方法是双线性内插法，如图 4.14 所示。

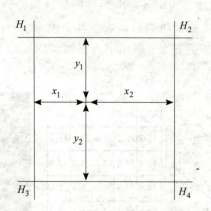

图 4.14　双线性内插方法

根据邻近的四个格网距离加权得到任意一点的值，计算公式如下：

$$h = ((\frac{y_2}{y_1+y_2} + \frac{x_2}{x_1+x_2}) \cdot H_1 + (\frac{y_2}{y_1+y_2} + \frac{x_1}{x_1+x_2}) \cdot H_2 +$$

$$(\frac{y_1}{y_1+y_2} + \frac{x_2}{x_1+x_2}) \cdot H_3 + (\frac{y_1}{y_1+y_2} + \frac{x_1}{x_1+x_2}) \cdot H_4)/2 \tag{4.10}$$

2. 两种格式 DEM 的特点

（1）TIN 的优缺点

优点：可根据地形的复杂程度确定采样点的密度和位置，能充分表示地形特征点和线，从而减少了平坦地区的数据冗余，能将沟坎等边坡点表示出来。

缺点：构网计算量大、不利于对大范围作计算和显示，只有专业软件支持 TIN 格式文件的读写，不同软件生成的 TIN 文件格式不通用。

（2）规则格网的优缺点

优点：以栅格为基础的矩阵计算机处理起来很方便，以图像文件形式组织的 DEM 便于查看和高程查询，文件格式具有通用性，不需要专门软件的支持。

缺点：在平坦地区出现大量数据冗余；同一个采样间隔不能适用不同地形条件，不能精确表示地形的关键特征，如山峰、坑洼、山脊线、沟坎等地形突变地区，在地形复杂地区精度有损失。

图 4.15 展示了用两种方式来表达地形的结果，蓝色点表示不规则三角网的顶点，红色点表示规则格网的采样点。蓝色点很好地拟合了地形起伏，红色点在左侧地形突变地区与地形拟合不好，在右侧平坦地区记录了多个相同的高程值，数据冗余较大。

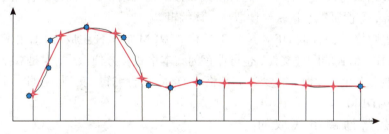

图 4.15　两种 DEM 对地形的拟合

3. 公路勘察应用中 DEM 的使用与管理

（1）DEM 数据的使用

在公路勘察设计中 DEM 的应用主要包括以下两个方面：

一是重点工点和工程地形数据计算，包括基于 DEM 的横纵断面提取、等高线绘制、地形图制作等。

二是基于 DEM 的可视化分析，包括大面积公路选线与方案对比选择。

在公路勘察应用中，应根据不同应用选择不同形式的 DEM 数据。

对于重点工点和工程数据计算，应采用"TIN 进行构网 + 特征线"的形式。在绘制横断面、纵断面绘制时，需要保留沟坎等地形变化点的 DEM 数据，并通过三角网求交运算，获取所有地形突变点，得到精确的断面。由 LiDAR 点云所构建的三角网无法完全表示沟坎等地形突变，这时需要通过人工或自动方式提取特征线，用特征线与离散地形点共同构建三角网。

针对大面积公路选线和方案比较，一般采用规则格网 DEM，具体而言是将 DEM 制作成以浮点型数据类型保存的 TIFF 格式文件。在 TIFF 格式的 DEM 上进行线路方案的展示、查看线路周边地形地貌、地形填挖计算和填挖之后的效果展示等。

（2）DEM 数据的管理

TIN 格式的 DEM 具有方便编辑的优点。在制作 DEM 时，需要做大量的编辑工作，因此前期的 DEM 成果以"地形散点 + 特征线"的形式表示，方便实时编辑。

保存编辑完成的 DEM 数据时，通常以 TIN 和影像格式 DEM 格式各保存一份。其中 TIN 格式数据常用两种方式保存：

一是保存地形关键点的点数据文件 + 特征线文件（如 BIN 或 XYZ 格式点数据文件 +SHAPE 格式特征线文件）。此种数据方便再编辑，在应用时需要依赖处理软件进行重新构建三角网。在绘制高精度横纵断面时，我们采用点数据文件，在计算断面时由软件实时构建三角网。

二是保存三角网构网结果的 TIN 格式 + 特征线（如 Leica 的 LTF 格式 +SHAPE 格式特征线文件）。此种格式保存了构网结果，无需每次使用时都进行构网计算，方便摄影测量软件读取与立体编辑。

以规则格网保存的 DEM 是从 TIN 格式 DEM 重采样生成的，保存格式一般为 GeoTIFF 格式的图像文件，也可保存为文本格式（方便读写，但是数据量大）。

在地形发生变化时，需要对 TIN 格式 DEM 进行编辑、更新，在此基础上重新生成格网 DEM。

在公路勘测中获取的 DEM 是沿线状分布的，故基于矩形分幅命名的方法不适用。在 DEM 制作过程中，通过制作 DEM 文件结合图来进行大范围 DEM 数据文件的管理，如图 4.16 所示。

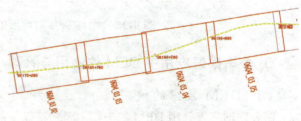

图 4.16　DEM 文件与中线里程结合

4. 激光点云制作 DEM 流程

基于高密度激光点云制作 DEM，要点在于点云滤波和分类，提取正确的地形点。除此之外，要得到符合要求的 DEM，需要根据产品要求进行相应的处理。LiDAR 点云提取的地形点密度大，数据有冗余，需要提取地形关键点用以生成 DEM，地形关键点提取间隔和容差参数与 DEM 精细度和精度要求有关，因此应根据 DEM 要求来设置。TIN 形式的 DEM 要求真实，规则格网 DEM 主要用于大范围浏览和查询，在一定程度上要求平滑美观，因此在处理上有所区别。

由点云分类结果制作 DEM 的流程如图 4.17 所示。

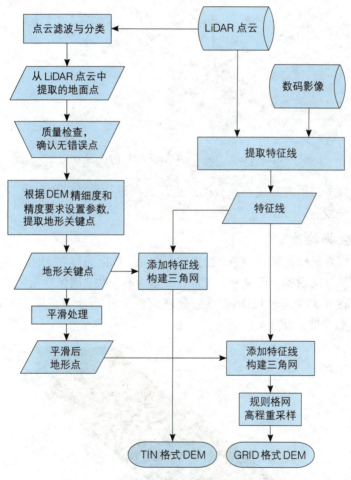

图 4.17　DEM 制作过程

（1）DEM 文件的分块

LiDAR 点云数据量巨大，沿线状覆盖范围广，制作 DEM 时，需先对 DEM 成果进行预先分块，在分块的基础上，逐个制作 DEM。

公路应用有自己的特点，数据分块不严格采用等大小、矩形分幅的方法。分块原则是便于生产，方便应用，同时满足文件存储要求。

在 AutoCAD 或 MicroStation 上，根据 LiDAR 航迹线和公路设计中线，沿着公路线位方向划分出具有 200 ~ 300 m 重叠、长度 4 km 左右的闭合多边形，如图 4.18 所示。并根据测区名、数据获取日期等对每一分块进行命名编号。

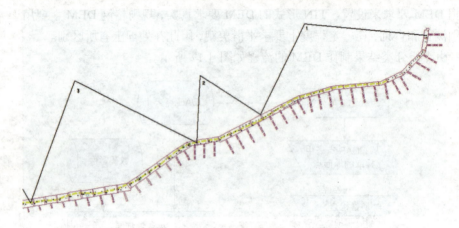

图 4.18　沿线位对 DEM 预分幅的结果

使用闭合多边形对经过滤波分类的点云数据进行重新分块保存。文件名与多边形框名字一致。

（2）数据检查

对每一块点云数据进行检查，检查内容包括：数据完整性、地形模型正确性。逐个打开分块后的点云文件，查看点云是否有缺失，确保数据完整。

在 TerraSolid 或其他 LiDAR 点云处理软件上打开分类结果，使用地面点构建三角网地形模型，如图 4.19 所示。

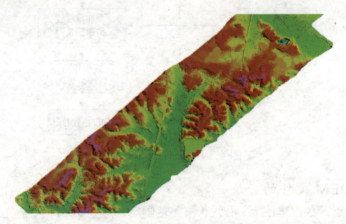

图 4.19　一个 DEM 制作单元滤波分类后的渲染效果

在经过渲染的三角网模型上，检查地形模型是否正确。重点检查模型中低点、桥梁等人工建筑是否被剔除，沟坎等地形突变是否完好表示。如图 4.20 所示。

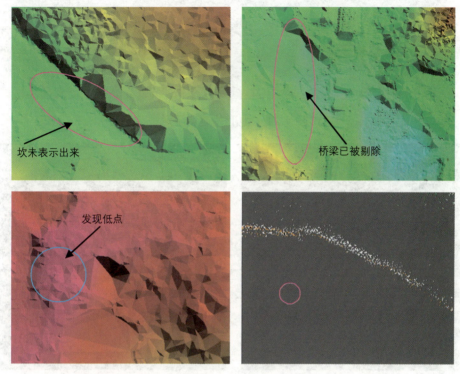

坎未表示出来

桥梁已被剔除

发现低点

图 4.20　点云检查

数据检查中，发现的问题需要进行人工编辑。有些地方没有 LiDAR 点，无法通过人工编辑修改时，需要通过影像和 LiDAR 点云相结合，提取特征线，将特征线离散为点加入到点云中。

（3）提取地形关键点

LiDAR 获取的点云密度非常密，可达 1 m 以内，实际地形只需要少量点构建不规则三角网就可以表达。地面点信息是有较大冗余的，使用大量点构建三角网效率低，地形渲染显示、断面计算速度慢，数据存储量大，因应使用地形关键点构建 DEM。

在提取关键点时，须设置关键点容差。由关键点构建的三角网模型和由地形点构建的三角网模型之间的高程差异小于在提取关键点时设置的容差。提取关键点的原理见图 4.21，图中红色点是地形关键点，红色连线是由地形关键点拟合出的地形；蓝色点是所有地形点，蓝色线是由地形点拟合出的地形。图 4.22 和图 4.23 分别展示了地形点和地形关键点构建的 DEM 效果。

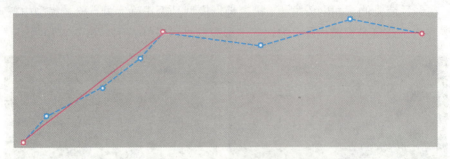

图 4.21　地形关键点示意

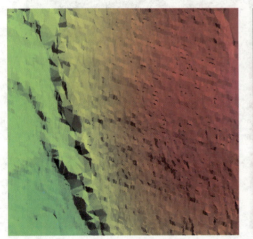

图 4.22　由地形点构建的三角网模型

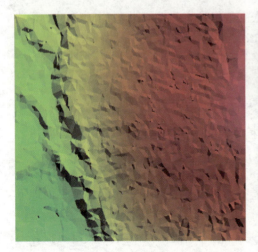

图 4.23　由地形关键点构建的三角网模型

（4）规则格网 DEM 点间距设置与平滑参数设置

在制作 TIN 格式 DEM 时，不对 DEM 做平滑，因为平滑处理会让 DEM 反映的地形细节受损失，导致绘制的横纵断面精度降低。

在 TIN 格式 DEM 生成完毕后，需要将 TIN 格式 DEM 保存一份用于断面制作，这时再对 TIN 格式 DEM 进行平滑处理。LiDAR 测距的精度在 0.2 m 以内，在进行平滑处理时，我们将容差设定为小于 0.2 m 的值。平滑前后的 DEM 效果对比如图 4.24 所示。

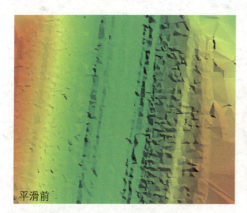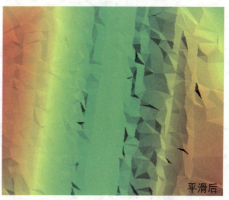

图 4.24　平滑前后的 DEM 效果

对地形点做完平滑之后提取地形关键点，并保存。

（5）规则格网重采样

由不规则地形关键点或三角网格式 DEM 生成影像格式 DEM，其过程是对地形模型进行等间距格网重采样。规则格网 DEM 点间距设置与模型精细度和数据量有关，点间距越小，DEM 越精细，但是数据量越大。

4.2.2　DOM 制作

数字正射影像图（ digital orthophoto map, DOM ），是利用数字高程模型（ DEM ）对数字化航空相片或遥感影像，经逐像元微分纠正、镶嵌，并且按基本比例尺剪裁生成的影像数据。DOM 是地面上的信息在影像图上真实客观的反映，所包含的信息丰富，可读性很强；DOM 作为土地详查、城市变迁、资源调查、环境监测的原始资料广泛应用在土地管理、城市建设与规划、林业、农牧业、旅游、环境保护、水文水资源等行业，DOM 还是很多测绘新产品的基础数据，如城市三维模型、立体景观地图、计算机动画、计算机仿真、虚拟现实、数字影像库等。

1. 生产技术流程

通常情况下，DOM 的制作技术流程如图 4.25 所示。

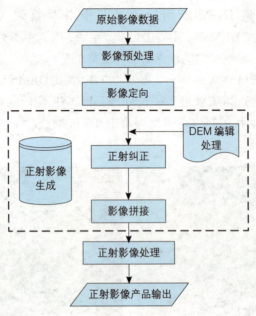

图 4.25　DOM 生产技术流程

（1）影像预处理

经影像扫描或直接数码航摄获取的数字影像，由于受到各种外界条件的干扰和限制，往往会出现航向或者旁向上某些影像色彩、亮度、饱和度等与整体不相匹配或反差较大的情况，这时就需要对影像进行预处理，使得相邻影像之间及整个测区的影像具有基本一致的影像质量，便于开展后续的处理工作。机载激光雷达设备配置的数码相机获取的数码影像在前期处理时都会经过辐射校正和自动左右影像色彩均衡处理，但仍可能存在个别影像与周围影像色调区别较大、不相适应的情况，如图 4.26 所示，仍需要在人工参与的情形下对基础影像进行一些整体检查与预处理工作，为后续处理提供良好的数据源。

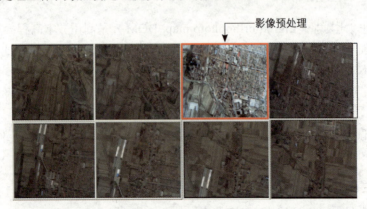

图 4.26　影像预处理

（2）影像定向

即对影像的内外方位元素进行解算，以便获取相片上每一点的地理坐标。可通过空三加密、带 POS 的航摄数据解算，以及利用全野外刺点成果进行内业定向等手段来解决。

（3）正射影像生成

1）DEM 编辑处理。在进行单片正射影像生成之前，首先需要对 DEM 数据进行编辑处理。DEM 的编辑主要是对 DEM 进行接边、裁剪、局部更新，以及直接编辑 DEM 格网点，剔除非地面点。

2）单片正射影像生成。利用编辑好的对应区域 DEM 数据及影像定向成果对原始影像进行纠正，可得到单片正射影像。

3）正射影像的拼接。由于单张正射影像覆盖范围较小，且由相邻影像生成的正射影像重叠区域过大造成信息冗余，为了便于应用正射影像，通常需要对单幅正射影像按照地理范围进行拼接。拼接过程中要求影像之间的接边误差满足规范要求，无明显拼接痕迹。

（4）正射影像图像处理

对生成的数字正射影像利用图像处理软件进行处理，要求处理后的影像反差适中，清晰度高，拼接缝不明显，相邻影像之间无明显色差。该项工作对图像操作的技巧要求较高，在实际操作中主要包含反差处理、全图灰度均衡、水域处理、局部影像处理、拼接缝处理等。

针对数字影像色调、饱和度不相匹配或者镶嵌边缘不一致的情况，可以直接利用图像处理软件对影像进行必要的处理。这种处理也可以在影像镶嵌之前进行，使它们基本上具有相同的反差和灰度，以避免在正射影像图上带来更多的边缘不一致现象。在图像处理软件中，通常所使用的调色方法有：调整反差和灰度，调整直方图、灰度曲线、色阶，平衡色彩等方法。当影像颗粒过粗，还可以使用滤境中的平滑功能提高影像的可视效果。总之，最后得到的数字正射影像图应该色调均匀，灰度和反差适中，像元细腻、不偏色、影像的直方图要尽可能呈正态函数的分布，如图 4.27 所示。

对于因水面区域导致的不完整，如果水面没有纹理或用图单位对水域要求不高，为了使影像完整，可以用图像处理软件复制其他地方的水域或是使用图章工具进行处理。

在数字正射影像的图像处理完成后还需要对其进行图廓注记，图廓注记通常包括图名、图号、坐标系、成图时间、制作单位、接合表等，也可以按用户单位的要求处理。

处理前　　　　　　　　　　　　　　　　　　处理后

图 4.27　正射影像调色前后对比

2. 激光雷达数据制作数字正射影像图的特点

由于机载激光雷达系统集成度高，相比传统的数字正射影像图制作方式而言，其数据处理自动化程度更高，操作更简单，制作过程如图 4.28 所示。

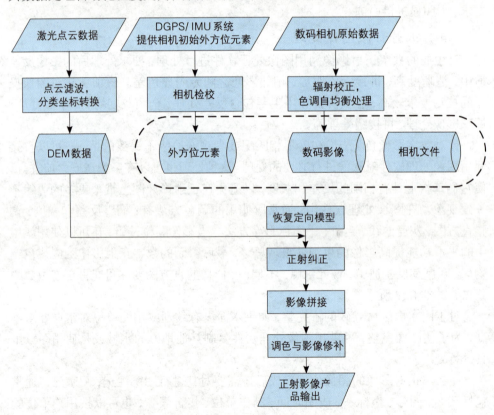

图 4.28　基于激光雷达数据的数字正射影像图生产流程

使用激光雷达数据制作数字正射影像具备以下特点。

（1）影像定向

机载激光雷达集成系统上配备有惯性定位及定向系统，可以对数码航摄仪中心的位置和姿态实施定位，再利用相机检校解决 IMU 平台与航摄仪之间的姿态偏移，即可获得航摄瞬间每张影像的外方位元素，直接在无控制点情况下恢复模型实现影像定向。与传统的全野外刺点＋空中三角测量平差获取外方位元素实现影像定向的方式相比，工作量更小，自动化程度更高，而且精度也有保证。

（2）DEM 的获取和制作

正射影像的制作需要经过数字微分纠正，该过程需要用到控制点或者 DEM 数据，由于用 DEM 可以实现逐像元正射纠正，精度更高，所以在基于 LiDAR 数据的正射影像制作中采用 LiDAR 点云数据制作 DEM 数据。

传统的 DEM 制作通常由航测内外业结合的方式获得，涉及利用控制点恢复模型，内业绘制等高线和高程散点注记和 DEM 编辑，该过程工作量巨大，人力投入大，工期长。利用 LiDAR 数据制作 DEM 的过程是对原始 LiDAR 点云进行点云滤波、分类处理的过程，该部分工作可以利用计算机自动处理，对于地形复杂的区域，可以直接将点云数据植入影像立体模式下进行编辑，与传统方式相比，这种获取 DEM 的方式更方便、快捷，自动化程度更高，对于精度要求稍低的数据，可以完全自动化处理。

（3）影像处理

传统航测方式制作 DOM 的数据源大部分由框幅式相机拍摄所得，然后对胶片进行扫描数字化，得到黑白影像数据，而 LiDAR 设备加载的数码航摄仪可以直接获取数字化的彩色影像，不仅在影像内容丰富度上超出前者，而且其分辨率更高。

其次，数码相机获取的影像还可以进行自动色调均衡处理，辐射校正，在处理过程中可以免去内定向等操作，与传统航测影像相比，前期处理比较方便。但是，数码相机获取的影像由于波段多，分辨率高，细节信息比较丰富，因此在后期的拼接处理和匀色修补上更为复杂，往往在自动拼接过程中难以获得满意的效果，需要进行大量的调色修补工作。

3. 数字正射影像图的评价

数字正射影像图的评价包括精度评定和影像质量检查两方面，其中影像质量涉及清晰度、完整性、准确与实时性三个方面。

（1）精度评定

由于正射影像具有真实地理坐标信息，可以通过野外控制点检查其绝对精度。正射影像图的相对精度主要表现在像对之间的镶嵌误差、图幅之间的接边差是否超过一定的限度，影像是否存在局部模糊，是否重影，地物是否扭曲变形等等。

（2）清晰度

清晰度是评价正射影像质量的最关键因素。清晰度出现问题主要体现在影像模糊，色调、饱和度较差，像对间镶嵌边缘反差和灰度明显不一致等，产生这些问题的最主要原因是航片质量和扫描质量。

（3）完整性

正射影像图的完整性主要包括影像的完整性和图廓注记的完整性。

（4）准确性和实时性

正射影像图的准确性指图廓注记准确与否。在生产单位，正射影像图需要经过几道验收环节后提供给用户，一般注记方面出的问题比较少。实时性指影像所反映的信息与现实情况的差异，应保证在生产正射影像图时，使用最新的航摄资料。

4.2.3　DLG 制作

1. DLG 获取方式

数字线划图（DLG）作为一种重要的设计参考资料，广泛应用于公路勘测设计的各个阶段。目前，生产数字线划图主要有以下三种方式。

（1）传统航空摄影测量方式

该方式利用数字摄影测量系统，以人工为主进行三维跟踪立体测图、数据采集等。在 DLG 采集上采用先外后内或先内后外或或内外业调绘，采编一体化的测图方式。

这些传统方式虽然精度相对较高，但需要大量的外业控制点，成果精度容易受外业测量误差影响，并且需要内业的空三加密和数据人工采集，工作量大，周期长。

（2）航天遥感测量方式

对具有立体覆盖的卫星遥感影像，可以采取与传统航空摄影测量相类似的方式。鉴于目前的遥感影像都可以提供物理模型或者有理函数纠正参数，可以实现自动定向，但在无控制点情况下的定位精度不高，一般也需要外业控制的参与。利用航天遥感测量方式获取 DLG，受制于目前影像分辨率的限制，其数据采集还需要大量的外业辅助调绘，并且需要特定的软件支持 DLG 的制作工作，这种方式不适于制作大比例尺的 DLG 数据。

（3）地形图扫描矢量化方式

利用地形图扫描矢量化方式获取 DLG，虽然可以免去前期的定向和外业工作，但需要具备满足精度要求的，时效性强的数据源（包括原始 DLG 和现势 DOM），同时也需要大量的人工采集作业。

以上三种制作 DLG 的作业方式普遍存在内外业人力投入大、精度难以保证、生产周期过长等问题，且对于公路勘察设计应用而言，DLG 产品不够直观，信息冗余度大。这些问题的存在不仅增大了工作量，同时影响了公路勘测设计的进度。结合公路勘测设计的特点和需要，有必要考虑新的作业方式和新型测绘产品的开发来解决现有作业方式和产品成果的局限性。在这种情形下，利用机载雷达测量系统生产 DLG 应运而生。

2．利用机载雷达测量系统生产 DLG 的优势

利用机载雷达测量系统生产 DLG 具有人力投入少，制作周期短，产品精度高，信息更丰富，数据冗余度小的优势，见表 4.5。

表 4.5　基于传统和 LiDAR 技术的 DLG 制作分析比较

	基于传统方式	基于 LiDAR 技术
人力投入	外业测量，内业加密，测图编图，流程复杂，人力投入大	POS自动定位定向，DEM生成，自动化程度高，非全要素量测，人力投入少
制作周期	外业测量工期长，内业全人工量测编辑，工作量大，制作周期长	无野外测量工作，内业过程高度自动化，人工参与少，仅 DOM 制作工作量偏大，制作周期短
产品精度	制作流程复杂，产品精度受多方面因素影响	POS 定位精度达亚分米级，产品精度有保证
产品信息	全要素地形图对于公路设计存在信息冗余，受制图因素影响，丰富度不足	非全要素地形图，信息冗余度小

（1）人力投入少

制作 DLG 的数据源包括 DEM 和 DOM 数据。一方面由于机载雷达测量系统提供高精度的 POS 定位定向系统，可以获取高精度的三维点云数据和正射影像，无需外业控制测量；另一方面在内业处理中，由点云数据制作 DEM 的过程高度自动化，正射影像的制作也无需空三加密的步骤；在测图和采集方面，DLG 直接采用 DOM 作为底图，等高线由 DEM 自动生成，矢量数据也非全要素采集，因此相比传统作业方式在很大程度上可以节省人力。

（2）制作周期短

制作 DLG 所需的 DEM 和 DOM 可以通过计算机自动处理实现，DLG 上的等高线由 DEM 自动获取并叠加在 DOM 上。在矢量数据采集和编辑上，由于影像分辨率高，人工判断可靠性高，无需全要素采集，采集和编辑的对象仅限于特定的对象，因此 DLG 的制作周期大大缩减。

（3）产品精度高

理论和实验都证明，利用激光点云数据获取的三维地表信息精度以及利用正射影像的精度都可以达到亚分米级，DLG 产品的精度也在这一数量级内，具备了精度方面的优势。

（4）信息更丰富且冗余度小

由机载激光雷达系统获取的数码影像制作的 DOM 分辨率很高（0.2 m 以内），影像细节很丰富，判读更容易。DLG 属于非全要素地形图，除了采集等高线、高程点，以及部分特殊地物外，其他可以通过影像直接判读的地物都无需采集，因此信息冗余度更小。

总体来说，在公路勘测设计中，应用地形图不仅可免去非专业人员由于对各类地形要素符号不熟悉带来的不便，而且可以更好地满足各专业设计的需要。

公路设计各个专业在设计过程中关注的是定量化的高程信息和定性化的地物信息，数字正射影像地形图不仅有等高线和高程点的具体数值，而且高分辨率的真彩色正射影像更易于使用者判读，因此在公路勘测设计领域可以替代传统DLG，属于公路勘测中的一种创新产品。

3. 基于 LiDAR 技术的 DLG 生产技术流程

数字地形图由 DOM 与矢量数据合成，这两种数据都可以由激光雷达数据制作得到，下面介绍利用激光雷达数据生产数字地形图的过程。

（1）基础数据准备

DEM：由激光点云数据处理得到，用于制作等高线数据。

DOM：由数码影像处理得到，用于制作地物数据和数字地形图的底图影像。

（2）矢量数据生成

1）等高线数据的生成。通常情形下，等高线数据可利用 DEM 内插出等高线，存为二进制文件。用于等高线生成的 DEM 格网间距要符合要求，必要时可将等高线文件导入测图模块进行修测。在激光雷达测量系统中，对含有高精度三维地表信息的点云数据进行滤波和分类处理，去掉非地面点后，可以直接获取高精度的 DEM 数据，由 DEM 数据生成等高线和高程点，再对等高线进行平滑、接边等处理，完成等高线数据的生成。

2）地物数据的生成。在制作公路数字地形图的过程中，地物数据不是全要素采集，一般只表示一些重要的要素，如重要道路、主要河流等，采集的过程则按照标准规范对地物进行代码分层记录和量测。数字地形图的地物数据采集包括两种方式：在立体像对上进行量测、直接在 DOM 上进行平面量测。虽然在采集精度方面，前者更有优势，尤其针对房屋等有较大高差的地物，但在作业模式上，后者操作更为简单，故在基于激光雷达数据制作数字正射影像地形图的过程中，优先

采用后者。

3）矢量文件的导出。将等高线数据和地物数据进行合并，以文件导出，作为制作数字正射影像地形图的矢量要素部分，如图 4.29 所示。

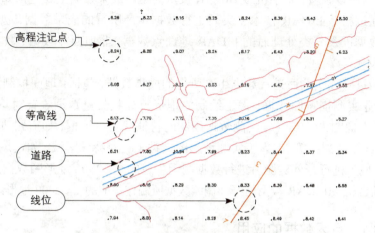

图 4.29　数字地形图矢量数据

利用激光雷达数据生产数字地形图的技术流程如图 4.30 所示。

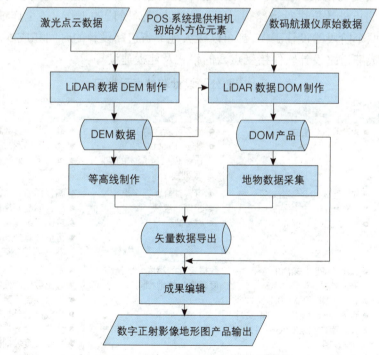

图 4.30　数字地形图生产技术流程

§4.3 数据成果的应用

在公路测设领域，基于机载 LiDAR 技术的生产成果数据主要包括如下几类：

1）通过机载 LiDAR 技术采集后进行数据生产所得的成果数据，包括：原始 LiDAR 数据以及分类处理后的 LiDAR 地面点数据、非地面点数据、数字正射影像（DOM）、等高线。

2）通过野外实测后进行数据生产所得的成果数据，包括：地面控制测量成果数据、外业实测横断面数据；人工绘制的地形特征线矢量数据（针对重点地物，参照正射影像图人工及野外实测数据绘制的特征线矢量数据，如道路边线、山脊线、山谷线及断裂线等）；人工实测地形图数据（针对特殊区域，如边境地区、航飞漏洞区域等进行野外实测后进行数据制图生成的 1∶2000 地形图数据）。

3）结合机载 LiDAR 数据与野外调绘数据所制作生成的 1∶2000 地形图数据。

4.3.1 点云数据的应用

本书主要研究点云数据与常用道路 CAD 系统的接口以及将数据转换为常用道路软件接受的格式，通过快速建模的方法，道路设计人员能够方便、直接地使用高精度的点云数据进行道路设计，无论初步设计阶段的工作，还是详细设计和施工设计两个阶段的设计工作，都可以极大地节省道路设计的时间和成本。表 4.6 为现阶段成熟道路设计软件接受点云的格式及建模速度等。

表 4.6 成熟公路设计软件点云接口

软件名称	接受格式	特性	功能
CARD/1	● ASC 和 POL 格式	● 最多可以容纳 100 万个点 ● 基于 DirectX 9.0 或 OpenGL 1.4 版本的空间模型显示	● 输入点、线数据 ● 读入三角形 ● 读入横断面数据
纬地	● DXF 格式和 DWG 格式 ● ASC 和 POL 文件格式 ● PNT、DGX 和 DLX 格式	● 可容纳几百万个点 ● 建模速度快 ● 精度高	● 高程插值 ● 纵、横断面高程插值 ● 输出三维真实地面模型 ● 可沿任意内部边界对数模进行挖空等处理
EICAD	● 读取 CARD/1 输出的 ASC、POL 格式 ● 读入 PTN、DGX、DLX 文件 ● 读入 Surfer 软件的 GRD 文件 ● 读入南方测绘 CASS 软件的 DAT 文件 ● 读取道路纵、横地面线数据文件	数模建立的精度、容量与速度基本与纬地相同	● 查询任意点高程 ● 输出数模剖面线 ● 拟合绘制等高线 ● 生成高程分析图 ● 生成坡度分析图 ● 绘制坡度坡向图 ● 输出道路纵、横地面线 ● 输出道路全景模型 ● 输出网格数据文件

表 4.6（续）

软件名称	接受格式	特性	功能
JSL-Land	● 自定义文本格式 ● DWG 或 DGN 格式 ● 三角形数据 ● 三维图形文件	● 具有海量数据处理功能 ● 构网速度快 ● 建模数据量不受公路里程的限制 ● 整体建模，速度均匀	● 高程插值 ● 点查询 ● 面积计算 ● 体积计算 ● 流水线计算 ● 内插等高线

在道路设计软件中，主要接收 DWG 格式的点云数据，而在数据处理中获取的是 XYZ 或者 TXT 格式的点云数据，因此需要研究 DWG 标准格式，使其能够与道路设计软件方便地进行数据交换。同时，对于其他数据格式，也提供了相应的数据接口。

由于高密度、精准的 DEM 存在数据量大、数据点密度高的缺点，若将 LiDAR 数据全部用于生成 DEM，不仅要占用大量的计算处理时间，软件也无法支持庞大的数据量。现阶段成熟的公路设计软件如纬地等采用先进的数模理论，能够形成整体最优的三角格网，精度十分可靠。由于数模的容量大，占用内存大，建模时间比较长，加之受用户的计算机配置状况和 AutoCAD 图形显示速度的制约，在建立一条线路的数字地面模型时需要分块建模，这将大大降低工作效率。因此，本书采取移动窗口的算法，在保证数据质量、保证数据和 DEM 模型精度的前提下，可大大降低数据量，图 4.31 为利用移动窗口法对点云冗余数据进行优化的流程。

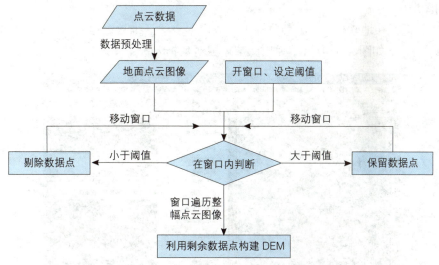

图 4.31　移动窗口法优化 DEM 数据

获取的地面点与非地面点数据如图 4.32、图 4.33 所示。

图 4.32　地面点激光点云数据

图 4.33　非地面点激光点云数据

利用激光雷达数据，导入到常规道路设计软件的过程如下：

1）将点云数据与地形特征线数据在 AutoCAD 软件中合并，并分别保存在不同的图层中。

2）运行纬地软件，点击菜单栏中"数模"→"三维数据读入"→"DWG 和 DXF 格式"，如图 4.34 所示，弹出图层设置对话框（图 4.35)。

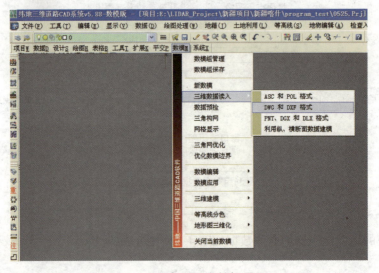

图 4.34　读取三维数据界面

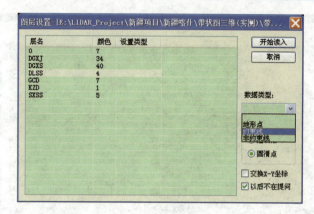

图 4.35　图层设置

3）在图层设置对话框中，根据点云数据和地形特征线所在的图层逐层设置类型，如单击选中"DLSS"层（道路边线），在对话框右侧的"数据类型"下拉列表中选择"约束线"，选中"GCD"层（控制点），设置数据类型为"地形点"，设置完需要参与建模的图层的数据类型后，点击"开始读入"按钮，即可导入数据。

数据导入完成后，即可开始对数据建模，具体操作步骤如下：

1）点击纬地软件主菜单"数模"→"数据预检"，在弹出的对话框中输入最小、最大高程值（图 4.36），点击"确定"。

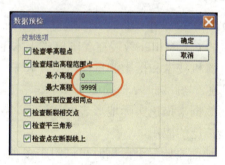

图 4.36　数据预检

2）再依次点击"数模"→"三角构网"、"网格显示"，在弹出的对话框中选中"显示所有网格线"单选框（图 4.37），点击"确定"按钮，即显示所建三角网数模（图 4.38）。

图 4.37　数模网格显示设置

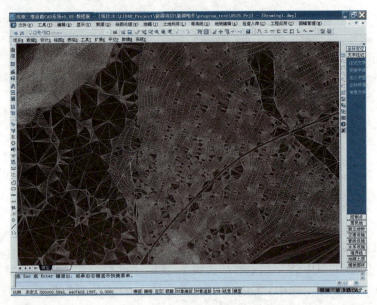

图 4.38　三角网数模

3）可根据用户需求选择是否进行三角网优化和优化数模边界。

4.3.2　DEM 应用

数字地面模型（DTM）最早在公路设计领域得到应用。1955 年至 1960 年期间，美国麻省理工学院的 C.L.Miller 教授在美国麻省土木工程部门和美国交通部门工作期间，首次将计算机技术和摄影测量技术结合起来，较为成功地解决了道路工程的 CAD 设计问题。与此同时，他提出了一个非常重要的概念：数字地面模型，即利用横断面地面数据来描述实际地形表面。随后，数字地面模型技术在众多的领域得到了越来越广泛的应用。

数字地面模型采集地面原始三维数据时可以附带多种地面的属性信息，因而其包含的地面实际三维信息较为丰富。在大比例尺工程实际应用过程中，设计人员最为关心的是所选定平面位置的地面实际高程究竟是多少，因此更多的是利用地面的数字高程模型（DEM）技术进行大量的三维内插计算。

自数字地面模型引入公路勘察设计领域以来，国内外对数字地面模型的研究、开发与应用已经有了近 50 年的历史，随着计算机软、硬件技术及其外围设备的发展，数字地面模型不仅在测绘领域有着广泛的研究和应用，而且逐步在公路工程、大型水利工程、机场工程等线型基础设施工程建设中得到了较为普遍的应用。数字高程模型系统是现代公路设计软件系统的核心，是联结数字化勘察设计和公路设计软件的纽带，通过获取的地面数据建立稳健可靠的 DEM 是进行数字化设计、优化设计、环境评价与景观设计的基础，目前世界上成熟的高速公路设计软件的

核心技术无不包含嵌入式的 DEM 系统，通过该 DEM 系统对地面数据进行处理，建立用数学语言描述的地面模型，为公路设计软件实时生成路线设计方案提供各种地面数据，在此基础上实施真正意义上的同深度多方案优化比选。

在 DTM 发展初期，DTM 的构建及应用方式主要是建立在规格格网数字地面模型的基础上的。在实际工程应用中，随着 DEM 技术的进步，对 DEM 的研究已从数据源、模型结构、数据处理和软件开发等逐步发展到多模型叠加和特殊模型的优化等研究方面，现在需要研究的是含路、桥、隧道和地形等表现公路全景的设计模型以及老路改扩建项目中的原有路基模型，具体为如何建立高精度、高仿真、能表现构造物空间形态的设计模型或旧路路基模型，并使之与大范围的地面模型和设计模型进行有效的叠加。在可持续性发展的设计理念下，公路勘察设计具有了更大的科技含量和技术难度，各种新技术的探索和应用在提高设计效率、设计质量以及控制和环境评估方面均具有极大的优势，形成对新的设计理念强有力的技术支撑。DEM 是公路工程勘察设计自动化、三维化、可视化不可缺少的工具，是实施路线三维空间设计和进行全方位优化设计的前提条件。数模应用可对数字地面模型进行各种计算和分析，它在公路勘察设计中的主要作用表现在以下几个方面。

1. 方案比选

根据公路的使用任务和性质，按既定的技术标准和线路方案，结合实际地形地质等条件，从全局着眼，局部入手，综合考虑，选择合适的设计方案，以达到既要保证路基的安全、稳定，又要尽量缩短路线的长度，减少工程量的目的，使设计的公路经济合理。在整个公路工程设计中需要大量的地形、地质和水文等数据，并经常要进行参数的计算，同时，由于地形图表示方法的抽象性和概括性，以及人类视野的局限性，有时造成设计人员对整个区域的认识不充分，直接影响了线路的走向，这些不足是传统的设计方法自身无法克服的。建立数字高程模型可以使设计人员方便地了解整个区域的概况，以利于路线走向的确定。在 DEM 的基础上，能够快速地比较所有可能的平面线形，进行路线平面优化及空间优化，确定最佳路线位置方案。公路勘测设计的可行性研究阶段，一般在较小的比例尺上进行（较低分辨率的 DEM），以便把握路线的宏观走向；而在勘测设计阶段，则要求较大比例尺（较高分辨率 DEM）的图件，以便进行路线的详细设计、工程量估算等。

2. 路线设计

DEM 能够方便地用于路线 CAD 系统。公路设计人员能够利用 DEM 选定路线，并能快捷方便地对方案的局部改变进行优化。通过路线 CAD 系统提供的路线平面逐桩坐标，在数模上插值出路线纵、横断面地面线，并输出路线纵、横断面的地面线数据。公路设计人员可立即在计算机上完成纵断拉坡设计、路基设计、横断面设计，进而直接得到土石方工程量，使大范围的路线方案深度比选和优化成为现实。

3. 面积和体积的计算

利用 DEM 可以很方便地制作任一方向上的地形剖面，可用梯形法、辛普森法等方法计算剖面面积。另外由 DEM 可以求出地表面积，地表面积可认为是所包含的各个网格的表面积之和，若网格只有特征高程点或地性线，则可以将小网格分解为若干小三角形，求出它们的斜面面积之和，就可得出该网格的地形表面面积。土方量是工程费用估算及方案选优的重要考虑因素，所以公路工程必须涉及土方量的计算问题。将自然地形的 DEM 与规划地形 DEM 叠加起来（二者的网格体系应该完全一致），在每个格点处用规则高程减去自然高程，得出格点上的施工高度。施工高度为正时，为填方；施工高度为负时，为挖方。通过这种方法就很容易地计算出土方量。

4. 三维可视化

在公路的勘测设计中，通过设计表面模型和 DEM 的叠加，实现道路的景观模型以及动画演示，从而可对设计质量进行评价，并对拟建道路与周围环境的协调状况进行分析。

通过路线 CAD 系统提供的路线平面逐桩坐标，在数模上插值出路线纵、横断面地面线。路线 CAD 系统利用插值出的地面线进行路线纵、横断面设计，生成路线纵、横断面设计线数据。通过路线 CAD 系统建立路基三维模型（设计曲面模型），通过道路数字地面模型子系统生成地形三维模型（地表曲面模型），设计曲面模型和地表曲面模型在 Auto CAD 中经叠合消影生成的静态三维全景透视图。然后借助 3ds Max 做渲染和动画，生成公路动态全景透视图。

5. 动态更新道路模型

以航空影像信息和高精度空间信息为基础的地面，如果路线指定了超高数据，那么当装配铺设到路线上时，也可以进行超高设置。创建道路模型必须指定曲面、路线和纵断面，如果修改了与道路关联的曲面，或是编辑了路线或纵断面，道路模型自身也会动态更新。数模与航测、路线以及 CAD 相结合将形成路线设计全过程一体化系统，这一系统覆盖数据采集与处理、路线设计与计算，以及设计图表输出，是公路测设现代化的发展方向。

已知桩号或已知平面坐标点进行高程插值，路线各个方案的纵、横断面插值及纵、横断面三维地面线的绘制，可在 AutoCAD 2000 中使用"dview""ddvpoint"等命令从三维立体的角度来观察生成的三维数模。以上应用只需在 AutoCAD 2000

中建立数模后运行一系列简单的命令便可迅速得到所需的数据，使广大工程技术人员从大量的简单而重复的人工数据采集工作中解放出来，成倍地提高了他们的工作效率。

6. 虚拟放线

现阶段，路线测量中首先根据设计数据进行现场中桩放线，然后路线设计人员沿中桩进行现场调查。在确定中线位置后，再开展横断面测量。而中桩放线和横断面测量都是需要花费一定人力、物力和时间的。传统中桩放线和外业测绘断面利用皮尺配合水准仪、全站仪、RTK 等进行，内业则可以在 JX-4 等立体环境或 DEM 直接量测。外业手段绘制横断面需要大量的人力投入，在高山和植被茂密作业区域，人车很难到达，一般情况下每个作业组每天只能测绘几个横断面，山陡林密这种艰苦危险的作业条件对作业人员和仪器设备的安全都是一个极大的挑战，而且通视条件（针对全站仪）、GPS 信号都受到很大影响，致使断面精度很难保证。

采用航空摄影手段虽然能在一定程度上提高生产效率，但都很难保证在植被茂盛的树林、深沟沟底、建筑物内、桥梁下等条件下的横断面测绘精度。在地形图上切绘横断面的精度是经综合取舍之后的，大量的地貌地形细节无法体现出来，设计软件中 DEM 构建通常采用的是等高线数据，选线工作都是在纸上完成的，精度有较大损失。另外还因为地形图现势性不强，切绘出的断面很难反映出当前的地形情况。

在利用机载 LiDAR 技术快速获得的高精度数字地面模型上，可以直接进行虚拟放线。所谓虚拟放线，就是在高精度 DEM 和 DOM 数据构建的数字地表的基础上，根据线位和断面要求，自动打桩，并利用断面自动生成软件批量切绘出高精度的横、纵断面。这种方法不仅作业效率高，人力资源投入少，而且可连续自动获取数据，大大提高断面获取的精度和可靠性，在一定程度上革新了传统的勘测流程。

采用这种虚拟放线技术，公路设计人员能够利用高精度点云数据直接生成 DEM，直接在 DEM 上进行路线设计，并能快捷方便地优化方案的局部改变流程。同时，还能自动获取路线平面逐桩坐标，在数模上插值出路线纵、横断面地面线，并输出路线纵、横断面的地面线数据。由此，公路设计人员可立即在计算机上完成纵断拉坡设计、路基设计、横断面设计，进而直接得到土石方工程量，使大范围的路线方案深度比选和优化成为现实。

通过实现虚拟放线效果，让设计人员得以直接地在三维真实场景下进行平纵横协同设计，减少大量的野外工作，实现设计过程和设计结果的数字可视化。另外，设计时充分考虑了地形影响因素、社会影响因素和生态环境因素，因此可避免对自然环境的破坏，也可避免放线后造成征地经济赔偿范围扩大等。

7. 自动生成横纵断面

利用 DEM 数据自动生成任意间隔横断面，该方法可极大地提高生产效率，减少人力资源投入，缩短生产工期，同时还能通过对比生成的横断面与外业实测高程来检核横断面零点处的精度。

（1）横断面自动生成

利用高精度激光点云中分离出的地面点，在地面点构建的 DEM 上根据专业要求（里程、左右宽度）切绘出反映地形变化的横断面，然后依据外业实测零点标高对横断面进行调整并生成内外业高程对比报告，最后将生成的横断面与房屋、道路、河流等地物进行相交处理，生成反映地形变化和地物要素的横断面成果。横断面生成流程图如图 4.39 所示。

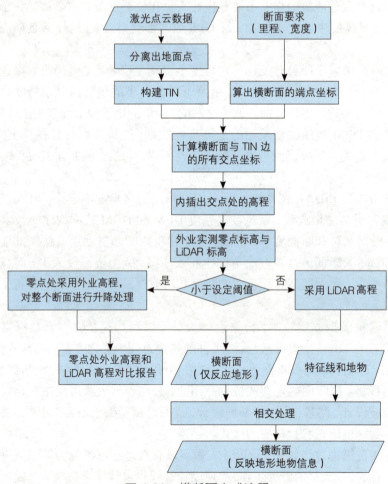

图 4.39　横断面生成流程

（2）纵断面自动生成

纵断面自动生成与横断面自动生成原理相近，流程更为简单，主要是根据平面线位图，将三维点云坐标投影到二维平面内与平面线相交，逐点内插出各桩点的高程坐标，直至恢复出完整的道路纵断面线型。

8. 土石方计算

土方量是工程费用估算及方案选优的重要因素，所以公路工程必须涉及土方量计算问题。利用 DEM 可以很方便地制作任一方向上的地形剖面，可用梯形法、辛普森法等计算剖面面积。将自然地形的 DEM 与规划地形 DEM 叠加起来（二者的网格体系应该完全一致），在每个格点处用规则高程减去自然高程，得出格点上的施工高度，就很容易地计算出土方量。

通过路基横断面地面线及设计线上的所有转折点用竖线把路基横断面划分成宽度不等的多个梯形或三角形（图 4.40），然后分别计算每一个梯形或三角形的面积，将这些面积累加起来就得到路基横断面的面积。

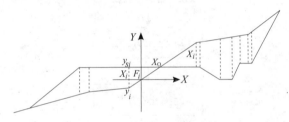

图 4.40　横断面面积计算

填挖方交界处应划分出来，分别计算填挖面积。每个梯形（或三角形）的底宽可通过解析法计算出来（计算设计线与地面线之 y 坐标之差），梯形（或三角形）的高由相邻两分块的 x 坐标差计算。则任一块梯形的面积 F_i 为

$$F_i = \frac{ys_i - y_i + ys_{i-1} - y_{i-1}}{2}(x_i - x_{i-1}) \tag{4.11}$$

计算横断面面积时，应计入路面结构层所占的面积。填方扣除，挖方增加。

分别累计填方和挖方的梯形面积即为该横断面的填挖方面积。若相邻两个分段点分别处于填方和挖方区（如图中 x_i 和 y_i），则应通过计算确定填挖方分界点（x_0）。如图 4.40 所示，x_i 和 y_i 分别是两分段点的 x 坐标，则填挖方分界点坐标 x_0 为

$$x_0 = x_{i-1} + \frac{ys_{m-1} - y_{n-1}}{k_1 - k_2} \tag{4.12}$$

其中：

$$k_1 = \frac{y_i - y_{i-1}}{x_i - x_{i-1}}, \ k_2 = \frac{ys_i - ys_{i-1}}{x_i - x_{i-1}} \tag{4.13}$$

计算出各个桩号的填挖方断面面积后，就可以计算土石方数量。土石方数量一般采用平均断面法近似计算。该法假定相邻断面间为一棱台体，其高为两相邻断面的间距，则棱台体的体积用下列公式计算：

$$V = \frac{1}{3}(F_1 + F_2 + \sqrt{F_1 \cdot F_2})L \tag{4.14}$$

式中：V 为体积，即为填挖方量（m^3）；F_1、F_2 分别为相邻两横断面的面积（m^2）；L 为相邻横断面之间的距离（m）。

填、挖方数量应分别计算，不能累加在一起。

图 4.41 为填挖方计算流程，图 4.42 为土石方填挖报告。

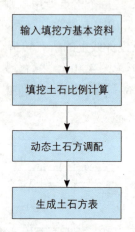

图 4.41　填挖方计算流程

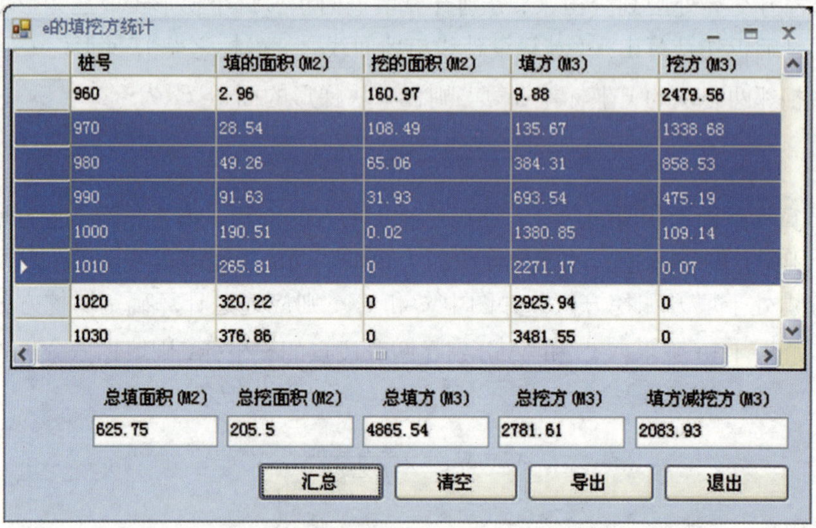

桩号	填的面积(M2)	挖的面积(M2)	填方(M3)	挖方(M3)
960	2.96	160.97	9.88	2479.56
970	28.54	108.49	135.67	1338.68
980	49.26	65.06	384.31	858.53
990	91.63	31.93	693.54	475.19
1000	190.51	0.02	1380.85	109.14
1010	265.81	0	2271.17	0.07
1020	320.22	0	2925.94	0
1030	376.86	0	3481.55	0

总填面积(M2)	总挖面积(M2)	总填方(M3)	总挖方(M3)	填方减挖方(M3)
625.75	205.5	4865.54	2781.61	2083.93

汇总　　清空　　导出　　退出

图 4.42　填挖方统计报告

通过填挖方的计算可实时得到填挖方统计报告,从而可为设计方案的快速评价提供依据,提高了公路选线和定线的决策能力。

4.3.3　DOM 应用

数字正射影像图(DOM)是利用数字高程模型(DEM)对数字化航空相片或遥感影像进行逐像元微分纠正、镶嵌,并且按基本比例尺剪裁生成的影像数据。数字正射影像图是地面上的信息在影像图上真实客观的反映,包含的信息丰富,信息量远远大于一般的数字线划图,可读性很强,如图 4.43 所示。数字正射影像图的应用十分广泛,在土地管理、城市建设与规划、林业、农牧业旅游、环境保护、水文水资源等行业可用作土地详查、城市变迁、资源调查、环境监测的原始资料,同时它还是很多测绘新产品如城市三维模型、立体景观地图、计算机动画、计算机仿真、虚拟现实、数字影像库等的基础数据。

图 4.43　影像数据与细部放大

1. 三维场景

将 DEM 与 DOM 融合可生成真三维数字地面模型数据,将 DOM 与 DLG 融合可生成数字正射影像地形图,同时还可以叠加线位数据、设计数据、遥感影像解译数据等,可为三维可视化平台提供地理基础数据支撑。如此丰富的数据源使得系统不仅能够将自然地表及自然资源和社会经济发展信息等真实直观地展现在人们面前,还可以通过一定的算法计算空间体积、空间距离、表面积等工程数据。

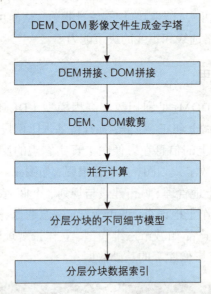

图 4.44　由 DEM、DOM 创建三维场景的流程

三维场景的制作过程主要是将不同分辨率的 DEM、DOM 按照实际位置进行无缝拼接，在此基础上作相应的优化处理，方便三维浏览软件对三维场景数据进行读取与显示。三维场景制作流程可用图 4.44 概要地表示。

通过道路数字地面模型子系统生成地形三维模型（地表曲面模型），设计曲面模型和地表曲面模型，在 AutoCAD 中经叠合消影生成静态三维全景透视图，然后借助 3ds Max 做渲染和动画，生成公路动态全景透视图。

2. 进行环境评价

高速公路极大地促进了国民经济的发展，但同时也存在着对生态环境的破坏和影响，生态环境问题尤为突出。在未来 20 年里，依靠科学技术，建成"五纵七横"国道主干线，提高公路交通运输能力是中国交通发展战略的主要内容之一，高等级公路建设已成为中国基础设施的投资热点和重点。同时，高等级公路的建设在一定程度上也加剧了资源、环境和人口之间的矛盾。近年来洪涝、旱灾、土地沙漠化、沙尘暴等自然灾害不断发生，生态环境不断恶化，根本原因是植被减少、森林遭受破坏。高速公路的工程规模大、持续时间长，常常因为高填深挖而造成大量土地裸露，影响范围广而又不可逆转，对原生态环境造成严重影响。随着环境问题逐渐成为人们最为关注的焦点，如今，高速公路建设在设计、实施乃至营运维护阶段都引入了较强的生态环境保护措施。

已经形成的覆盖全球的遥感监测运行系统，以及航空航天观测到深度探测的多层次、立体对地观测系统，是对环境进行动态监测与评价的有效工具。目前无

论是发达国家还是发展中国家，无论是农业部门、林业部门，还是环保部门，都在密切关注生态环境质量的变化。常规的生态环境监测方法不仅费时费力，而且在许多情况下难以得到所期待的结果，如对于点多、线长、面广、因素复杂的公路及沿线地区，采用常规方法很难进行全面调查研究，而采用遥感技术可对区域的生态环境退化状况进行全面的、准确的掌握。由于地表覆盖具有多样性、复杂性等特点，同时遥感技术也不断更新、不断发展变化，生态遥感调查的方法也在不断完善，因此开展遥感生态环境监测的技术研究是非常必要的。

利用高精度 DOM 提取植被覆盖度、植被类型、生物量、土壤表层含水量、土壤类型等信息，以期形成适用于大区域、相对快速的生态环境遥感监测与过程研究，特别是侧重于高时间分辨率遥感技术的应用，从时空两个方面系统、全面地了解、研究区域生态环境。遥感技术在客观、快速、全面地周期性获取资源环境信息方面发挥着重要作用，将在公路环境研究领域提供越来越强的应用潜力，将进一步加快国家资源环境综合信息预警能力的建设。

3. 地质选线

在公路勘察设计中，地质技术人员应配合路线设计师做好地质咨询工作。可以沿初步拟定的路线线位进行全线踏勘，对重点工点进行地质调查，得出初拟线位沿线的基本工程地质情况，评估路线方案的可行性，发现重大不良地质地段或预测施工后可能出现的难以治理的地质病害路段，以便尽快调整路线线位。地质勘查内容包括地质结构、地貌、不良地质现象三个方面。

（1）地质结构

主要阐述的内容是：地层（岩石）、岩性、厚度；构造形迹，路线所经地区的构造状况，构造与线路关系及影响程度；岩层中节理、裂隙发育情况以及风化、破碎程度。

（2）地貌

包括勘察场地的地貌部位、主要形态、次一级地貌单元划分。

（3）不良地质现象

包括勘察场地及其周围有无滑坡、崩塌、塌陷、潜蚀、冲沟、地裂缝等不良地质现象。通过遥感资料（如航片）可以从宏观上观察全貌，合理地解译，这有利于对此类不良地质体的正确认识。必要时应增加技术设计阶段，对重大地质灾害路段进行深入勘察，确定路线的可行性。

以高分辨率 DOM 为主要信息源，运用数字图像处理技术，基于地学遥感知识，对高速公路走廊带的断裂构造、地层岩性、地形地貌、地表水系及其他不良地质现象进行全面解译和分析，建立一个能够同时满足地质选线和环境选线要求的三维可视化选线地理模型，实现了基于航测和卫星信息的三维可视化选线地理环境建模和应用技术体系。

4. 获取征地拆迁数据

一般通过实地调查或测绘，来提供征地及拆迁建筑物等的位置、范围及数量。用地范围包括公路工程用地、管理服务设施用地、安置用地和施工用地、养路材料堆放场地等。拆迁建筑物和构造物应调查并测绘其位置、范围和尺寸、结构类型及层数、产权单位（或个人）。调查还包括涉及拆迁的电信、电力设备以及管道的位置、数量，受拆迁影响的长度，调查线杆和塔架的类型、编号、数量以及架设高度或埋设深度，调查沿线伐树、挖根、除草的路段长度，并结合工程设计的需要确定工程数量。

以《中华人民共和国物权法》及各地区的《征地补偿标准》为准绳，以LiDAR同步获取的高分辨率数字影像为补偿地类依据，可避免因施工前期由于人为因素私自改变用地用途而带来的补偿方案纠纷，如图 4.45 所示的由 LiDAR 同步获取的高分辨率数字正射影像，从中可以清楚地看到道路施工范围内地物要素、用地界线，使得道路用地范围更加直观、明确。在实施道路扩建、道路升级方案中，也可通过量算 LiDAR 高分辨率数字影像面积来做各项拆迁以及成本预算分析。该类影像也可做道路初设或道路设计可行性分析的道路规划底图使用，使设计人员能够更为直观地浏览设计线路的覆盖范围及其走向，更好地融入环境与人文和谐的设计理念。

图 4.45　LiDAR 同步获取的高分辨率数字影像

4.3.4　DLG 应用

数字线划图（DLG）主要反映公路带状区域内的地形地貌特征、地物的分布以及人文、地理等特征信息，为公路设计人员在路线方案设计以及大型交通枢纽布置等方面提供重要依据，同时也是文件编制中不可或缺的重要内容。由于 DLG 在制作时必须根据其类别进行分层，在使用时又可以体现其专题图的功能，因而具有再开发的潜质。因此，在制作 DLG 时必须根据公路勘察的不同要求选取不同层的内容加以丰富和完善，形成不同的设计产品，如地质剖面图、水文调查图等，使 DLG 的功能得以充分的发挥。

图 4.46　1∶2000 地形图成果数据

（1）工程地质剖面图

此图是地基基础设计的主要图件。其质量好坏在于剖面线的布设是否恰当；地基岩土分层是否正确；分层界线，尤其是透镜体层、岩性渐变线的勾连是否合理；剖面线纵横比例尺的选择是否恰当等。理论上剖面比例尺的选择应尽量使纵、横比例尺一致或相差不大，以便真实反映地层产状。由于公路工程中的构筑物一般呈条带状，如大、中型桥梁等，致使纵、横比例尺一般相差较大，一般横比例尺采用 1∶2000，受报告的篇幅限制，纵比例尺一般采用 1∶200 ～ 1∶500，具体比例要视钻孔的深度而定。在剖面图上，必须标上剖面线号，如 6-6′ 或 F-F′。剖面中各孔柱应标明分层深度、钻孔孔深、岩性花纹，以及岩土取样位置、原位测试位置和相关数据。在剖面图旁，应用垂直线比例尺标注标高，孔口高程须与标注的标高一致。剖面上邻孔间的距离用数字写明，并附上岩性图例。

（2）水文地质图

此图是反映一个地区地下水情况及其与自然地理、地质因素相互关系的图件，是根据水文地质调查的结果绘制的。通常由一张图（主图）或一套相同比例尺的辅助图件来表示含水层的性质和分布、地下水的类型、埋藏条件、化学成分与涌水量等。主图显示区域地下水的形成与分布的总体情况，是反映主要水文地质特征的综合性图件，即综合水文地质图；辅助图件则包括基础性图件（如地质图、地貌图、实际材料图等）、地下水单项特征性图件（如潜水等水位线及埋深图、承压水等水压线图、水化学类型分区图、地下水储量分区图等）以及专门性水文地质图（如供水水文地质图、矿区水文地质图、环境水文地质图、地下水开采条件分区图等），是针对某一方面或某一项自然要素进行改造、利用而编制的图件，这些图件一般涉及的面积数小，采用的比例尺数大。

第5章 数据质量控制

§5.1 机载及车载激光雷达数据精度分析及质量控制

机载与车载激光雷达观测的因子较多，如激光雷达的三个姿态角、扫描角、GPS 的位置等，各观测因子对定位精度影响复杂，为了提高定位的精度，需要对每个因子进行矫正，控制其所产生的误差。

5.1.1 激光雷达数据精度影响因子分析

1. 数据获取过程误差因素分析

激光点云、相片以及辅助定位数据的获取质量关系到整个项目的成败，如果对原始数据获取没有给予足够的重视和把关，后续采取的任何补救措施都是无济于事的。因此在充分分析数据获取过程中各种误差来源的基础上，本书从基站布设和飞行质量等方面对数据获取过程中的误差因素进行分析。

（1）基站布设

基站布设距离、基站点平面高程精度和飞行时同步观测数据的质量均会影响原始激光点的数据采集质量。减小误差的方法有：

1）在测区范围内均匀布设多个地面 GPS 基准站，一般需布设三个以上，每个之间的距离控制在 50 km 左右。

2）作为基站点的控制点的平面和高程精度优于四等 GPS 和四等水准。

3）作为基站点的控制点应选择在宽阔的区域，在视角 15° 范围内没有任何障碍物，观测时不受到任何车辆或行人的影响。

4）基站架设时，仪器高的量测精度要优于 ±3 mm，对中误差不得超过 ±5 mm。

（2）飞行质量

飞行质量的好坏也会对数据采集误差造成很大的影响。

1）IMU 所造成的漂移累计误差会对数据精度产生影响，因此采用飞 "8" 的方式使飞机进入测区前做好 IMU 初始化工作，飞行姿态、偏航距离、飞行高度、飞行速度严格控制在规范范围内。

2）激光点位置的误差也受航高、最大扫描角以及物体到飞机地底点的距离的影响。航高越高，最大扫描角越大，物体到飞机地底点的距离越远则相同偏移角所造成的误差也就越大。因此航高和最大扫描角都需要作一些限制，以保证点位置的精度。

2. 数据处理过程精度分析

数据处理主要包括 GPS 差分解算、坐标转换、激光点云航带匹配、点云分类等工序。要坚持对各个环节进行质量检查和精度评定，在薄弱环节和关键环节采用多种数据源和多种手段进行检核，以利于提高最终成果精度和生产效率。

（1）GPS 差分解算精度分析

机载激光雷达测量系统的精度受诸多因素影响，其中，GPS 定位误差是最主要的因素，并由 GPS 的精度决定。由于机载 GPS 是高速、动态地获取数据的，因此它很容易受到卫星轨道误差、卫星钟差、接收机钟差、多路径效应、卫星星座和观测噪声等因素的影响，这些因素导致的误差会随观测环境变化而变化。因此，为减少 GPS 的定位误差，可以通过在测区内均匀建立多个地面基准站进行激光雷达数据采集来实现。通常，架设多个基准站不但可以减弱各方面的影响，而且有利于改善大气误差改正模型。

GPS/IMU 组合的姿态确定误差和扫描角误差属于机载激光雷达测量系统硬件方面的误差，这类误差只能通过激光雷达测量技术的发展和设备的升级来减少。在实际作业中，IMU 姿态测量误差可以通过降低飞行高度来减少。

（2）坐标转换精度分析

坐标转换的精度分析主要包括相对精度分析和绝对精度分析。相对精度分析主要参照转换过程中形成的控制点残差报告来进行，针对不同的地形等级，相应的控制点残差要求见表 5.1。绝对精度分析主要是将转换后的点云与外业实测点进行对比，排除点云分类错误、陡坎下和植被下缺少数据点等影响，高程中误差的要求见表 5.1。

表 5.1　坐标转换精度要求

地形等级	I	II	III	IV
控制点残差的平面要求 / m	0.08	0.10	0.15	0.20
控制点残差的高程要求 / m	0.03	0.05	0.07	0.10
绝对高程精度 / m	0.1	0.15	0.2	0.3

（3）点云分类精度分析

在点云滤波和分类过程中常常由于错误分类导致点云精度下降问题。激光点云分类精度受主观因素影响较大，直接关系到 DEM、DOM、断面图、地形图等成果的精度，因此激光点云分类作为重要的基础工序应该给予足够重视，不仅作业人员要精细分类，检核人员也要严格检核，保证为后续处理工作提供精确的数据源。LiDAR 点云数据分类将地物点错分为地面（称为 I 类错误）、将地面点错分为地物点（称为 II 类错误）、孤立点或低点（称为 III 类错误）以及其他错误（如

点云丢失，数据冗余等），这些错误都会在一定程度上影响点云的精度。

对于 I 类错误，应重点检查房屋、植被、桥梁等；对于 II 类错误，主要是容易将山区地表错分为非地面点，如植被，山区被分离出去，使点的密度下降甚至出现空白区；对于 III 类错误，主要是一些孤立点、奇异点，如扫描器扫到的孤井、路面上的行人等，使得生成的 DEM 上出现小空洞或小凸起。

对于这些错误，一方面可以充分利用外业提供的实测控制点和碎部点检查点云分类的绝对精度，另一方面可以采用拉断面、构建 TIN、对各类点云分别进行着色、叠加航片和立体环境等多种方式进行更直观、更准确的检查，确保分类成果更加准确无误。

3. 数据成果精度分析

（1）DEM 精度分析

公路工程应用上的 DEM 精度评定主要采用外业实测高程点作为评定参考，通过内插得出外业实测平面位置处的高程与实测高程进行对比，计算其较差和中误差。如图 5.1 所示。

Use	Number	Easting	Northing	Known Z	Laser Z	Dz
☒	43966.74	505012.27	4246208.99	1078.814	1078.570	-0.244
☒	44081.71	505012.99	4246094.07	1066.455	1066.630	+0.175
☒	43932.44	505014.09	4246243.24	1081.461	1081.390	-0.071
☒	44102.14	505014.27	4246073.68	1071.680	1071.690	+0.010
☒	44119.93	505015.67	4246055.94	1071.712	1071.770	+0.058
☒	43902.93	505016.18	4246272.68	1065.176	1065.260	+0.084
☒	43894.61	505016.84	4246280.97	1068.515	1068.220	-0.295
☒	43875.38	505018.44	4246300.13	1069.845	1069.740	-0.105
☒	44150.00	505018.63	4246026.02	1071.800	1071.750	-0.050

Average magnitude	0.0903		Average dz	-0.0376
Std deviation	0.1156		Minimum dz	-0.2950
Root mean square	0.1195		Maximum dz	+0.1750

图 5.1　高程对比误差报告

检查点选取：分别在平坦地区、山地和丘陵等地形条件和裸地、稀疏植被、茂密植被、桥下、建筑物下等处用全站仪或 RTK 测绘均匀布设大量高程检查点，用来检核 DEM 内插时的误差。

（2）DOM 精度分析

DOM 精度评定采用外业实测检查点作为评定参考，评定方法用检查点选取法，即通过选取 DOM 影像与外业实地测量的检查点的同名特征地物点，计算其较差和中误差。

检查点选取：在整个条带的首、中、尾随机抽取三幅影像作为评定单元，选取不同于校正控制点的 30 个相对均匀分布的检查点，点位的选取原则与像控点相同，选点时尽量避开高压线、大面积水域等区域，以免受到影响。精度评定公式如下：

$$m_{\mathrm{RMSE}} = \sqrt{\frac{\sum_{i=1}^{n}(P_i - Q_i)^2}{n}} \tag{5.1}$$

式中：m_{RMSE} 为点位中误差；n 为检查点个数；P_i 为 DOM 上检查点坐标(x_{P_i}, y_{P_i})；Q_i 为 GPS 外业检查点坐标(x_{Q_i}, y_{Q_i})。

（3）DLG 精度分析。

1）地理精度检查。主要包括地理基础、平面精度、高程精度及接边精度的检查。地理基础检查主要检测产品的大地基准、高程基准、地图投影方式、分带情况是否符合数字线划图产品标准的要求；平面精度和高程精度检查主要检测产品平面精度和高程精度是否满足基础地理信息相关比例尺数字线划图的规定；接边精度检查主要检测要素是否几何接边，接边要素的几何形状是否合理，要素几何接边后属性是否一致，拓扑关系是否正确，跨带接边是否正确。高程精度的检测是对照分类后地面点构建的 DEM，检查高程点和等高线高程注记的正确性，平面精度的检测是检测点状目标、线状目标的位移误差，分别统计、计算点线目标的位移中误差。

2）属性精度检查。属性精度指空间实体的属性值与其真值相符合的程度，通常用文字、符号、数字、注记等形式表达。如地形图中建筑物的结构、层数，各要素的编码、层、线型等。具体检查内容包括：各个层的名称是否正确，是否有遗漏；逐层检查各属性表中的属性项类型、长度、顺序等是否正确，有无遗漏；检查各要素的分层、分类代码、属性值是否正确或遗漏。

3）逻辑一致性检查。逻辑一致性主要指图面上各要素的表达与真实地理世界的吻合性，即图形间的相互关系是否符合逻辑规则（如图形的拓扑关系是否正确），以及与现实世界的一致性。具体检查内容包括：检查各层拓扑关系的正确性，各层要素是否有重复的要素，有向点、有向线的方向是否正确，面状要素的闭合关系是否正确，要素的结点匹配关系是否正确。

4）要素完整性检查。主要是对地物是否遗漏，以及要素特征表达的正确性进行检查。数字化生产容易产生遗漏，数据格式转换的产品容易出现要素表达不正确的情况。要素完整性检查内容包括检查要素是否有遗漏，要素表达是否正确、完整，注记是否正确、全面，接边处地物表达是否完整等。

5.1.2　激光雷达数据校正及质量控制

1. 激光雷达姿态角校正

安装激光雷达测量系统时，要求 LiDAR 参考坐标系同惯性平台参考坐标系的坐标轴间相互平行，但实际上不能完全做到，惯性平台的参考坐标系与 LiDAR 的

参考坐标系之间存在着三个姿态角（侧滚角 θ_{roll}、俯仰角 θ_{pitch}、旋偏角 $\theta_{heading}$ ）的偏移，这些偏移会在设备运输、安装过程中发生改变，也可随着时间的变化有所改变。因此需要根据特定的地物在不同航飞线路中所表现的特征，对 LiDAR 参考坐标系同惯性平台参考坐标系的坐标轴间的三个姿态角偏移作检校。

（1）侧滚角偏移

如图 5.2 所示，δr 即为侧滚角偏移。由于 δr 的存在，导致扫描后的点云出现了 ΔY 和 ΔZ 的位置偏移。

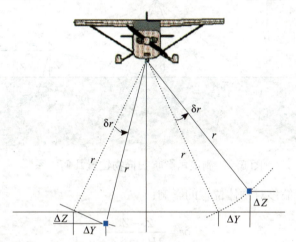

图 5.2　侧滚角误差示意 1

表现在点云上如图 5.2 所示，即侧滚角偏移会导致点云数据出现一边高一边低的现象。由此，对于飞行方向相反的两条航线上的点云，会呈现出如图 5.3 所示的效果。旋偏角 $\theta_{heading}$ 为 0° 的航线产生的点云呈现左边低右边高的现象，$\theta_{heading}$ 为 180° 的航线产生的点云则呈现左边高右边低的现象。两条航线的点云呈 X 状。在检校场内，寻找一条垂直于航飞方向的线，在飞行方向相反的两条航线上，沿该线切断面，得到两条航线沿该线所切断面的点云。

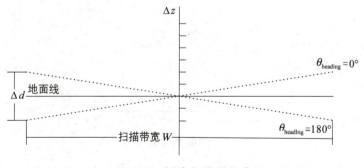

图 5.3　侧滚角误差示意 2

参考图 5.3，检校侧滚角偏移的经验公式为

$$\delta r = \frac{\delta d}{W} \tag{5.2}$$

式中：δr 是侧滚角偏移，δd 为扫描带边缘处相反航线的点云高度差，W 为扫描带宽。

而从几何分析的角度来讲，如图 5.4 所示，Z 指同一扫描线上两端角点的高差，H 是航高，δ_{max} 指系统的最大扫描角，δr 为侧滚角偏移。

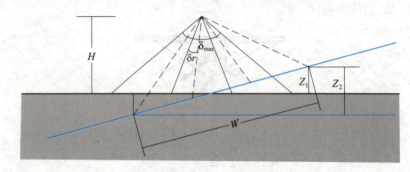

图 5.4 侧滚角影响扫描物位置几何关系

可得侧滚角偏移对物体位置的影响：

$$\delta r = \frac{Z_1 - Z_2}{2H \tan \delta_{max}} \tag{5.3}$$

由式 5.3 可看出，固定侧滚角偏移对点位误差的影响与航高成正比，与最大扫描角的正切成正比。

（2）俯仰角偏移

如图 5.5 所示，δp 角即为俯仰角偏移。俯仰角偏移会使数据提前或延后。

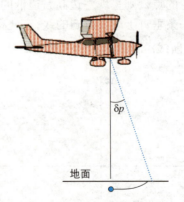

图 5.5 俯仰角误差示意

对于飞行方向相反的两条航线，俯仰角偏移对点云在平地和倾斜地物的影响

不同，即在平地上不会有高程上的差异，而在尖顶房上有差异，如图 5.5 中成像的蓝点和红点的差异，表现在该位置的断面上的效果如图 5.6 所示。

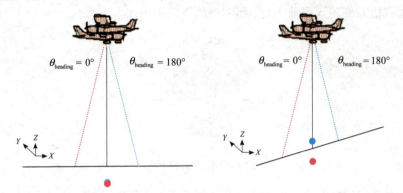

图 5.6　俯仰角示意

由此，在检校场中需要寻找尖顶房来进行俯仰角的检校。检校俯仰角偏移的经验公式为

$$\delta p = \frac{\delta d}{H_{AGL}} \tag{5.4}$$

式中：δd 为尖顶房同名点水平偏移距离；H_{AGL} 为平均航高。

由图 5.7 的几何关系可得俯仰角偏移对物体位置的影响见式（5.5）。

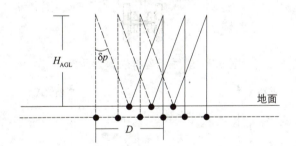

图 5.7　俯仰角影响扫描物位置几何关系

$$\delta p = \frac{D}{2H_{AGL} \tan \delta_{max}} \tag{5.5}$$

式中：D 指前向飞行与后向飞行获得的同一地物中心位置间的距离差；H_{AGL} 为平均航高，δ_{max} 指系统的最大扫描角。

由式（5.5）可看出，固定俯仰角偏移对点位误差的影响与航高成正比，与最大扫描角的正切成正比。

（3）航偏角偏移

如图 5.8 所示，δh 为航偏角偏移。航偏角偏移不会对飞机正下方点产生影响，但会造成飞机右侧的点提前出现，而左侧的点延迟出现。

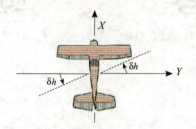

图 5.8　航偏角偏移示意

在飞行方向相反的两条航线上，不会存在高程上的差异。

由于航偏角偏移的存在，相同的倾斜地物在飞行方向相同的两条航线上所表现的情况如图 5.9 所示，即在斜面上飞行方向相同的两条航线上的同一位置会有高程上的差异。

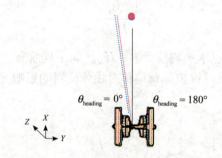

图 5.9　航线无差异航偏角示意

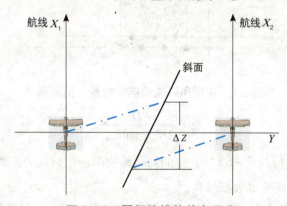

图 5.10　平行航线航偏角示意

由此，在检校航偏角时，需要两条平行飞行的航线，同时在检校场中需要寻找沿飞行方向有坡度变化的斜坡。而房脊线垂直于航线方向的尖顶房正好满足上

面的检校要求，且这种尖顶房的坡度固定，利于定量计算航偏角。

计算旋偏角的经验公式为

$$\delta h = \frac{\delta d}{2L} \tag{5.6}$$

式中：δd 为尖顶房同名点水平偏移距离；L 为重叠区中心到航线地底点的距离。

如图 5.11 所示，S_1 为地物实际位置，S_2 是由于航偏角的存在而致 LiDAR 认为是 S_1 的位置，S 为位移误差。

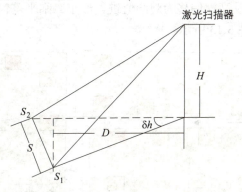

图 5.11　航偏角影响扫描物位置几何关系

由于 δh 很小，由几何关系可得航偏角偏移对物体中心位置影响的近似公式为

$$\delta h = \frac{S}{D} \tag{5.7}$$

式中，S 是两次航飞地物激光角点几何中心位置之间的距离，D 是地物中心位置与距离中心点最近的飞行天底点之间的距离。

由式（5.7）可知，固定航偏角偏移对点位误差的影响与物体到飞行天底点的距离成正比。

最后对检校后的数据进行质量检查。首先检查平地，如果平地上的断面重合，说明侧滚角检校良好。在飞行方向相反的航线和飞行方向相同的航线上找出多个分布均匀的尖顶房，沿垂直于房脊线的方向切断面，检查两条航线的重合情况，即：若飞行方向相反的航线上重叠区中部的尖顶房重合程度不好，则需调整俯仰角；若飞行方向相同的航线上重叠区边缘的尖顶房重合程度不好，则需调整航偏角；若大多数的断面重合得很好，说明 LiDAR 检校成功，参数为当前输入的参数。

2. LiDAR 数据校正

以上理论分析以及实际的项目情况表明，即使经过严格的检校，姿态测定误差、GPS 动态定位误差及地形植被引起的各种随机误差依然显著，数据重叠区仍然可能存在较大差异。这些系统误差的存在不仅影响激光点的几何精度，同时对机载 LiDAR 点云数据的后处理（如基于点云数据等高线的提取）产生影响，同时产生的 DTM 存在着高程漂移。对于三维重建，由于未经系统误差处理的点云数据相邻航带间存在着系统误差，不同条带的同一房屋的边沿不重合，进而可能影响三维重建的精度，甚而导致重建失败。机载 LiDAR 的系统误差处理是影响 LiDAR 数据精度和应用潜力的关键技术，而基于重叠航带的区域网平差是消除系统误差的主要方法。

基于条带平差思想类似于摄影测量区域网平差的方法，以条带为平差单元，以相邻航带间的平面以及高程偏移为观测值进行最小二乘平差，基本机理如图 5.12 所示，处理后的结果图 5.13 所示。

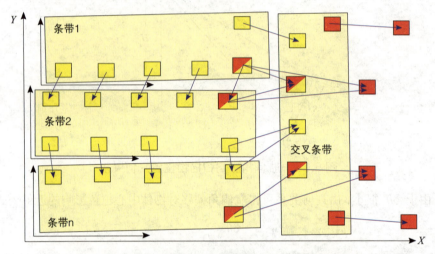

图 5.12 平差处理前的独立条带及其连接点

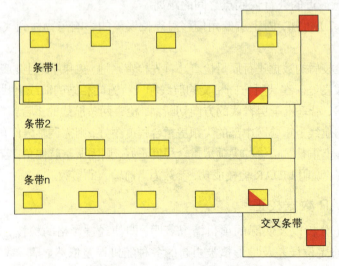

图 5.13 平差处理后变换到参考系的各条带

基于航带平差处理的流程如图 5.14 所示。

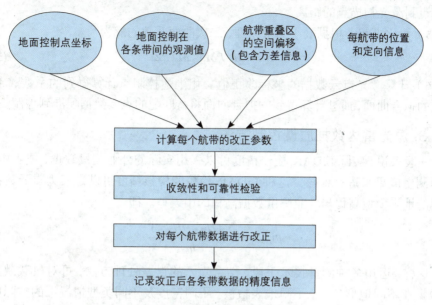

图 5.14　航带平差处理流程

顾及各种误差对平面及高程精度的影响,借鉴条带误差改正的思路,利用实测控制点,通过误差曲面拟合,计算测区点云数据的平面及高程改正值,从而达到对点云数据的优化,并通过二次曲面误差方程拟合误差。

算法流程如下:

1)根据控制点的分布对测区数据进行分块。

2)列出误差方程,若选择二次曲面拟合误差曲面,其公式为

$$Z = A\bar{X}^2 + B\bar{X}\bar{Y} + C\bar{Y}^2 + D\bar{X} + E\bar{Y} + F \tag{5.8}$$

3)以控制点为观测值,则每一个控制点 P_i 对应的误差方程为

$$
\left.
\begin{aligned}
V_i &= \bar{X}_i^2 A + \bar{X}_i\bar{Y}_i B + \bar{Y}_i^2 C + \bar{X}_i D + \bar{Y}_i E + F \\
V_i &= \begin{bmatrix} v_x \\ v_y \\ v_z \end{bmatrix} = \begin{bmatrix} \bar{X}_i - X_i \\ \bar{Y}_i - Y_i \\ \bar{Z}_i - Z_i \end{bmatrix}
\end{aligned}
\right\} \tag{5.9}
$$

式中:$(\bar{X}_i, \bar{Y}_i, \bar{Z}_i)$ 为控制点坐标;(X_i, Y_i, Z_i) 为对应的扫描激光点坐标。

若有 N 个控制点,则对应的误差方程为

$$V = MX - Z \tag{5.10}$$

式中:V 为改正数;X 为改正数的系数矩阵;M 为控制点坐标矩阵;Z 为扫描激光点坐标矩阵。

4）计算控制点距离激光扫描点的权。这里采用反距离权，即 $P_i = 1/d_i^2$，d_i 为控制点到激光扫描点的距离。

5）法化求解。根据最小二乘原理，二次曲面系数的解为

$$X = (M^T P M)^{-1} M^T P Z \tag{5.11}$$

6）计算激光点云数据的坐标改正值。用上述控制点计算得到的系数 X 包含区域的拟合曲面，通过计算得到的拟合曲面将待匹配的点云数据配准到控制点上。

3. 激光雷达数据质量控制方法

一般来说，实际 LiDAR 检校精度可以采用实际的外业测量数据，或者中桩、断面测量成果来进行检核。这种 LiDAR 检校的检核精度可以定义为点云数据所构建的地表模型高程与外业测量数据高程的中误差。即

$$m_{\text{LiDAR}} = \frac{\sum (H_{\text{模型}} - H_{\text{外业}})^2}{h} \tag{5.12}$$

这样，运用多种测量技术手段，结合点云的误差处理方法，可对机载激光雷达数据在不同地形条件、不同地表植被、不同密度及不同类型情况下的实际精度水平进行验证和评价。

同时，针对 LiDAR 数据采集、数据编辑与处理、地面控制测量措施、数据筛选与建模等一系列作业过程，分析关键工艺和环节，通过分析各个环节中的误差来源，寻求合适的误差模型，并利用检校场数据和外业实测数据，建立一套基于机载激光雷达数据成果的质量评价体系及精度改善措施，提高 DEM 产品的质量。LiDAR 数据质量整体控制流程图如图 5.15 所示。

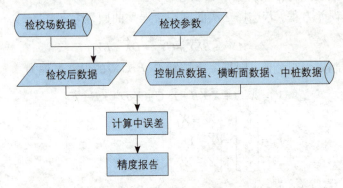

图 5.15 LiDAR 数据质量控制流程

根据上一节对数据采集、数据处理以及成果制作过程中的精度分析，还可以将质量控制过程分为三个阶段，即原始点云航带数据质量控制、分类后点云质量控制以及成果质量控制，根据各阶段误差的来源和数据的特点对整个数据从采集到最终成果的应用进行整体质量控制。

（1）数据采集质量控制

在数据采集过程中，主要从基站布设、航线设计及航飞成果检查三个方面对采集数据的质量进行控制。其流程如图 5.16 所示。

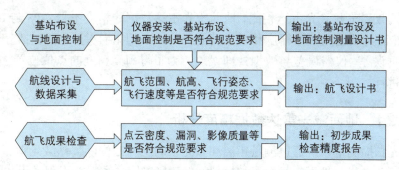

图 5.16　数据采集质量控制流程

（2）数据处理过程质量控制

在数据处理阶段，首先对解算、定向以及坐标转换之后的原始点云数据进行检查；其次分别对初步分类和精细分类后的点云分块数据进行检查和精度评价。其流程如图 5.17 所示。

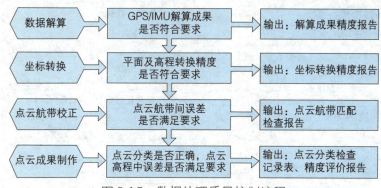

图 5.17　数据处理质量控制流程

（3）数据成果质量控制

如图 5.18 所示，这阶段主要包括对数据成果属性、接边和平面高程精度检查两个方面。

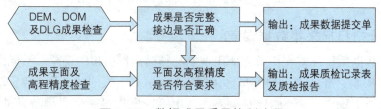

图 5.18　数据成果质量控制流程

§5.2 地面激光雷达数据精度分析及质量控制

与机载和车载激光雷达相比，地面激光雷达数据的精度不受 GPS 与 IMU 的影响，然而其数据的水平精度和垂直精度仍与众多因素有关，主要包括分站扫描采集数据误差、仪器误差与数据处理误差。为了得到高精度的点位位置，需对这些误差进行控制。

5.2.1 地面激光雷达数据精度分析

激光扫描测量系统通过测量距离和激光束的空间方位以解算激光脚点在仪器坐标系下的坐标。地面三维激光扫描仪的精度影响因素和误差累积过程如图 5.19 所示。

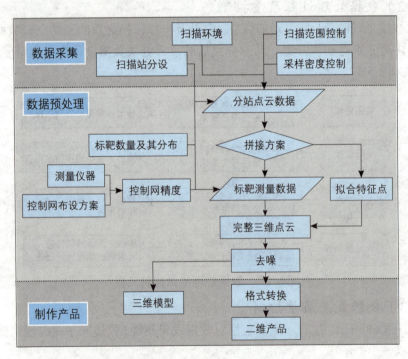

图 5.19 地面三维激光扫描误差累积过程

1. 分站扫描采集数据误差

分站数据采集误差包括激光测距误差和扫描操作引起的误差。激光测距除了系统误差影响之外还会受到测量环境的影响，例如大气的能见度、杂质颗粒的含量、环境中不稳定因素、测量对象表面状况等。操作误差主要是激光斑点大小、

强度、分布密度的变化而导致的误差。

2. 仪器误差

（1）激光束发散的影响

光斑大小是影响地面三维激光扫描误差的重要因素之一，由激光光斑中心位置来确定水平角和垂直角，从而就产生测角误差，进而影响激光扫描点定位误差。

（2）激光测距的影响

激光束往返两次经过大气，不可避免地受到大气干扰。由于激光束波长较短，大气对它的吸收和散射作用较强。因此，激光在传播过程中会受到大气衰减效应和大气折射效应的影响，从而给激光扫描测量带来一定误差。

（3）扫描角的影响

由于受到激光扫描仪本身精确性的限制，角度测量也会引起误差。角度测量的影响精度主要包括激光束水平扫描角测量和竖直扫描角测量两种。角度测量引起的误差主要是扫描镜片的镜面平面角误差、扫描镜片转动的微小震动、扫描电机的非均匀转动控制等因素的影响。

3. 数据处理误差

（1）坐标系统转换的影响

由于地面三维激光扫描系统采用的是以扫描仪的几何中心为原点的空间坐标系 (X,Y,Z)，因此要把采集的数据转换到绝对的大地坐标系中，才能为实际的工程需要提供所需的数据。坐标系的转换主要是确定平移参数、旋转参数和比例因子。对于不同的坐标系这些参数是不同的，由扫描仪坐标系向大地坐标系的转换处理，其中角度的选择直接影响模型转换的精度，最终影响点云数据的精度。

（2）扫描仪定位和定向误差的影响

市场上大多数扫描仪都具有定向功能，在应用扫描仪获取数据的时候，同样存在仪器的对中、整平问题以及仪器后视定向的误差等，这些因素同样会影响扫描仪数据获取的精度。在数据获取过程中，量测的方位角误差受到扫描仪定位精度和后视定向精度的共同影响。

（3）点云拼接是误差的主要来源

拼接方案直接决定测量精度的级别，例如基于常规测量数据的控制点拼接精度为厘米级，基于点云特征点拟合数据拼接精度为毫米级。

（4）基于点云数据制作模型和线划图成果误差

模型和线划图制作完全依据点云数据，误差很难避免，原因主要是重复扫描、仪器误差、拼接误差、视角误差等等。

5.2.2　地面激光雷达数据质量控制方法

通过以上地面激光扫描误差累积过程分析，三维地面激光扫描精度提高主要取决于数据采集、拼接、后续处理三个部分。

1. 分站扫描采集数据精度控制

分站扫描采集数据是在扫描仪默认坐标系下的相对三维坐标，数据精度主要取决于激光测距干扰引起的误差和扫描仪操作引起的误差。

2. 适宜的环境

包括大气环境，测量对象表面状况等。一般尽可能选择晴朗、大气环境稳定、能见度高、0~40℃气温的环境中扫描作业，减少大气中水汽、杂质等对于激光传输路径以及传输时间的影响；对于目标对象的透射或者镜面反射表面要做处理后扫描测量，防止丢失信号、弱激光信号对精度的影响；尽可能避免非静态因素的影响，例如：人流、车流、风动树叶等。

3. 激光斑点大小、信号强弱控制

扫描前期的布站、扫描范围的圈定和采样密度都会影响到激光束到达目标对象表面的面积大小，斑点面积越小对于特征点线数据的测量越为精细。但是很难做到精细控制，只能宏观控制。激光斑点大小会随着距离的增长、激光束和目标对象表面夹角的变大而增大，常规情况下必须对大范围的目标对象分块扫描，保证扫描仪和目标对象正对。

4. 点云数据拼接精度控制

对扫描数据进行融合处理，不同坐标系统之间转换误差主要影响因素是同名点坐标的选取和测量的准确程度。点云数据的拼接尽可能避免和减少低精度测量设备的介入：例如常规全站测量控制网精度只能控制在厘米级，利用其布设的控制网将会给数据融合带来很大误差。在可以方便选取同名点的情况下，应尽量减少测量标靶的测量。例如：拼接方法在扫描站之间可通视的情况下，可以选择点集拟合特征点的方式拼接，大大提高成果精度。不可避免使用控制网测量时，应该尽可能地选取高精度的测量仪器和测量手段，例如：静态 RTK 技术，闭合导线平差控制网等。

第6章 工程应用案例

§6.1 京新高速甘肃明水至新疆哈密段机载激光应用案例

京新高速公路被称作"西北便捷大通道",这条交通大动脉是国家高速公路网规划的第六条放射线,全长 2582 km。这条高速公路从北京开始,途经张家口—乌兰察布—呼和浩特—包头—巴彦淖尔—额济纳旗—哈密—吐鲁番直到乌鲁木齐,一旦贯通,将成为北京至乌鲁木齐最便捷的公路通道。比现有通道"北京—大同—鄂尔多斯—乌海—银川—兰州—哈密—乌鲁木齐"运营里程缩短 1136 km,比"北京—石家庄—太原—西安—兰州—哈密—乌鲁木齐"运营里程缩短 1270 km。

截至 2012 年 6 月,京新高速部分路段已建成通车,但新、甘、蒙三省区范围内的内蒙古巴彦淖尔至新疆哈密段还未修建,全程无法贯通。此次待建的巴彦淖尔至哈密段横贯内蒙古自治区大部、甘肃省西部局部,待建里程总长 1252 km,其中巴彦淖尔至三道明水(蒙甘界)建设里程 936 km,甘肃段白疙瘩(甘蒙界)至明水(甘新界)建设里程 137 km,新疆段明水(新甘界)至哈密段建设里程 17 km。该公路贯通后,将开辟一条新疆霍尔果斯口岸至天津港的北部沿海最快捷出海通道,打造一座天津港至荷兰鹿特丹港最为快捷的亚欧大陆桥。

京新高速甘肃明水至新疆哈密段公路工程项目起点为新疆与甘肃交界的明水附近,终点在哈密地区骆驼圈子与连霍高速互通立交线相接,项目沿线所经区域以荒漠、戈壁为主,大部分处于无人区。

项目全长 178 km,总投资 36 亿元,设计车速 120 km,双幅分离式,一期工程计划 2 年,2012 年建成。建成后将成为新疆通往西北、华北、华东地区乃至中亚欧洲的快捷运输通道,在国家高速公路网中占有重要地位。

6.1.1 项目实施难点及对策

本项目勘测前期主要任务是完成项目全线的基础控制测量、LiDAR 激光数据采集和处理,并将相关数据成果提供给公路设计单位使用。为了保证设计单位能够在一定的范围内进行路线选择,数据采集范围为沿拟建公路中线两侧各1000 m 的带状区域。本项目的实施难点主要有以下几点:

1)测区内道路崎岖,交通不便,大部分路段位于无人区,冬季寒冷(每年 12月至次年 2 月为最冷冬季);勘测任务在此期间进行,作业中遇到两次较大降雪降温和大风天气,车辆因此受到损坏,严重影响了工程进度。

2）测区内国家高等级水准点分布较少，且因为施测年代久远，水准点破坏情况较为严重，踏勘后查明测区内（包含伊吾联络线 125 km 后，全长约 300 km）仅 8 个水准点可以利用，水准点数量严重不足。另外，冬季施测，测区内风大雪厚，传统水准测量的实施异常困难。

3）测区内（包含伊吾联络线）高差较大，相对高差达到 1500 m，特别是伊吾联络线部分路段为高山峡谷段，山陡沟深，给机载激光数据采集工作带来很大的困难。

为了高质量地完成本项目，针对上述难点采取了以下措施：

1）控制测量分为两阶段实施：第一阶段为了满足机载激光数据采集地面基站的要求，首先在全线布设四等 GPS 控制网，按照四等 GPS 布设、观测和计算要求实施。第二阶段再严格按照《公路勘测规范》要求进行点位布设和观测。

2）针对高程测量难度大的问题，提出通过建立新疆伊吾—明水—骆驼圈子带状似大地水准面，来解决公路建设中的高程测定难题。

3）针对测区高差大的问题，在进行飞行航线设计的时候，采用分区设计的方法，根据高差的不同设计多个飞行分区，并在分区之间以 20% 的重叠来校正飞行数据。

6.1.2 机载激光数据的采集和处理方案

1. 技术设计

本项目采用的航摄系统集成了国际先进的激光系统、计算机自动导航系统、高精度的 DGPS/IMU 惯性导航系统以及高分辨率的数码相机，具备高效、高精度的优势。航空摄影采用数码航摄仪和激光测高仪，航摄飞行设计使用 WinMP 软件辅助设计，航飞控制采用计算机控制导航系统。

测区航摄飞行设计从高效、经济的原则出发，综合考虑仪器设备性能、地形、地势、高差、摄区形状、航高、航向重叠度、旁向重叠度和航行协调等一系列要素进行设计。

（1）项目中拟采用的数据获取系统以及平台

1）机载系统：CCNS4+AEROcontrol+ 机载 GPS+IMU+LiDAR+ DC。

2）飞行平台：运 -12。

3）地面系统：3 台静态 GPS 基站，型号 Trimble 5700。

（2）数据采集基本技术要求

1）数据采集范围覆盖路线中心线两侧各 300 m；路线起讫点处分别按照设计单位要求向前、向后延伸。

2）数字地面模型的地面点高程插值精度，中误差不大于 0.5 m。原始激光点间隔平均距离应小于 2 m。

3）数字正射影像图（DOM）的地面分辨率为 0.2 m。

4）数字线划地形图满足现行有关规范、规程、图示要求及甲方有关要求。

（3）成果数据基本要求

1）数字正射影像图成果数据：TIFF/TFW 格式，按照 1 km×1 km 分幅。

2）分类激光点数据（地面点和非地面点两类）：XYZ 格式；按照 1 km×1 km 分幅，每幅四周不外扩（即图幅之间没有重复、重叠数据）。

3）测区三维等高线成果：DXF 格式，等高线为经光滑处理的三维多段线。

4）测区数字线划地形图：DWG 格式，按设计单位要求划分图层。

（4）三维数字化地形图

1）地形图精度和要求。1∶2000 数字化地形图的测图范围为设计路线中心线两侧各测 300 m。1∶2000 数字化地形图的各项精度指标应满足《公路勘测规范》要求。地形图的基本等高距为 1 m，地形图上主要地物点位置中误差应不大于图上 0.6 mm，一般地物应不大于图上 0.8 mm，等高线的中误差应不大于图上基本等高距的三分之一，高程注记点密度按照设计要求平均 90 m 注记一个点。

2）调绘。调绘工作是保证地形图地理精度的主要环节。调绘人员，一定要认真负责，走到、看到、问到，保证调绘质量，做到判读准确、描绘清晰、符号运用恰当、注记准确无误。地面、地下及架空管线均需要表示，并注记输送性质。永久性电力线、通信线、地下电缆均需表示。农田、植被等各种地类界均需调绘。多种植被混生于同一范围时，只选择主要的植被品种表示。地理名称注记要调查核实，正确注记。水中和岸边的附属要素应调绘齐全，河流和沟渠应标明流向。房屋、窑洞、厂矿、学校以及文物古迹等建筑物均应调绘。无毗连的房屋应逐个调绘并对房屋的建筑材料和层数进行注记。

2. 机载激光数据采集

（1）航线布设及飞行参数

测区航线布设示意图、测区航区参数以及航线敷设起始点、经纬度坐标分别见图 6.1、表 6.1、表 6.2。

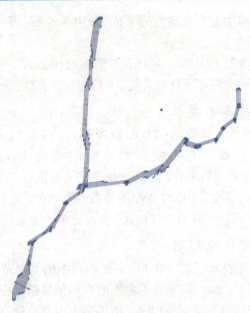

图 6.1　哈密—新甘界线路航线布设示意

表 6.1　哈密—新甘界线路航飞参数

项目	参数
航线号	1～83
航摄仪焦距	28 mm
CCD单元尺寸	8μm
激光扫描角	60°
航摄比例尺	26786
飞机地速	180 km/h
基准面高程	850～2150 m
相对航高 H	750 m
绝对航高 H'	1600～2850 m
一般航向重叠度	60%
一般旁向重叠度	30%
激光扫描重叠度	23%
航线间隔	626 m
航片数	5186 张
航线总长度	1400 km
拐弯时间（每个按5分钟计）	435 min
时间总预算	925 min
备注	该时间预算仅为空中摄影作业时间，未计入航路及起飞降落时间

表 6.2 哈密—新甘界线路起始点经纬度坐标（WGS-84）

航线号	航线起始点坐标		航线结束点坐标		绝对航高 /m
	起始点纬度	起始点经度	结束点纬度	结束点经度	
1	43N15 51.72	94E40 58.60	43N15 45.74	94E48 21.54	2650
2	43N15 30.32	94E40 22.17	43N15 23.88	94E48 20.99	2700
3	43N15 8.45	94E40 21.64	43N15 2.01	94E48 20.41	2500
4	43N14 46.28	94E40 45.04	43N14 40.15	94E48 19.83	2500
5	43N15 44.98	94E47 22.14	43N14 8.15	94E55 2.26	2400
6	43N15 23.97	94E47 13.88	43N13 52.00	94E54 30.98	2400
7	43N15 2.95	94E47 5.63	43N13 33.41	94E54 11.19	2400
8	43N14 23.09	94E54 16.05	43N10 30.59	94E58 10.14	2300
9	43N14 10.11	94E53 51.97	43N10 17.63	94E57 46.08	2300
10	43N13 57.14	94E53 27.90	43N10 4.67	94E57 22.03	2300
11	43N10 52.89	94E57 45.63	43N08 4.71	95E03 35.22	2250
12	43N10 34.61	94E57 29.23	43N07 56.06	95E02 58.85	2250
13	43N10 16.32	94E57 12.84	43N07 42.60	95E02 32.46	2250
14	43N08 27.92	95E03 2.80	43N01 47.98	95E05 57.74	2350
15	43N08 21.24	95E02 34.37	43N01 49.64	95E05 25.72	2350
16	43N08 6.23	95E02 9.60	43N01 51.30	95E04 53.69	2350
17	42N58 32.13	95E03 3.41	43N02 31.24	95E04 59.41	2600
18	42N58 16.56	95E03 27.47	43N02 23.90	95E05 27.49	2600
19	42N58 0.99	95E03 51.53	43N02 16.56	95E05 55.57	2650
20	42N57 45.41	95E04 15.58	43N01 44.44	95E06 11.61	2650
21	42N58 19.27	95E05 3.61	43N01 20.60	95E06 31.66	2600
22	42N56 59.61	95E06 56.43	42N51 54.15	95E15 22.31	2600
23	42N59 17.90	95E02 19.60	42N51 9.41	95E15 49.45	2800
24	42N59 0.98	95E02 0.74	42N50 52.53	95E15 30.57	2750
25	42N58 44.05	95E01 41.87	42N49 45.61	95E16 34.30	2750
26	42N58 21.59	95E01 32.23	42N48 27.55	95E17 56.36	2750
27	42N53 1.14	95E14 4.11	42N46 45.51	95E18 19.33	2500
28	42N49 59.29	95E15 34.57	42N46 20.16	95E18 3.35	2400
29	42N50 28.61	95E14 41.41	42N45 39.06	95E17 58.05	2400
30	42N51 13.57	95E13 37.60	42N40 8.33	95E21 8.87	2450
31	42N51 27.23	95E12 55.06	42N39 58.56	95E20 42.36	2450
32	42N46 28.07	95E15 45.25	42N39 48.91	95E20 15.77	2300
33	42N45 54.83	95E15 34.64	42N39 39.15	95E19 49.26	2300
34	42N40 22.22	95E20 29.90	42N24 50.41	95E22 32.66	2100
35	42N40 20.09	95E20 0.41	42N25 5.72	95E22 1.00	2100
36	42N40 17.97	95E19 30.92	42N25 12.30	95E21 30.49	2100
37	42N33 44.13	95E19 53.29	42N25 27.75	95E20 58.80	2050
38	42N32 41.07	95E19 31.92	42N25 43.07	95E20 27.13	2050
39	42N33 30.76	94E07 58.54	42N33 4.73	94E11 28.71	1600
40	42N33 9.22	94E07 53.71	42N30 56.62	94E25 35.64	1700
41	42N32 46.19	94E08 0.50	42N30 8.48	94E29 0.52	1700
42	42N32 23.16	94E08 7.25	42N30 0.24	94E27 10.57	1700
43	42N31 57.29	94E08 37.43	42N30 8.12	94E23 12.44	1650
44	42N31 29.89	94E09 19.18	42N29 58.29	94E21 34.14	1650
45	42N31 2.59	94E10 1.01	42N29 51.37	94E19 32.61	1650
46	42N30 9.17	94E22 45.41	42N29 45.49	94E36 9.03	1750

表 6.2（续）

航线号	航线起始点坐标		航线结束点坐标		绝对航高/m
	起始点纬度	起始点经度	结束点纬度	结束点经度	
47	42N29 44.28	94E24 30.59	42N29 22.19	94E36 55.04	1750
48	42N29 19.34	94E26 15.76	42N28 57.39	94E38 28.30	1750
49	42N28 59.52	94E33 22.38	42N27 11.98	95E04 0.67	1850
50	42N28 33.71	94E34 30.85	42N26 55.23	95E02 35.78	1850
51	42N28 06.61	94E36 2.89	42N26 39.14	95E00 59.17	1850
52	42N27 39.45	94E37 34.87	42N26 25.12	94E58 47.19	1850
53	42N28 29.38	95E02 34.40	42N27 19.11	95E20 37.55	2000
54	42N28 15.80	95E00 22.38	42N26 56.55	95E20 46.73	2000
55	42N28 0.69	94E58 33.92	42N26 34.76	95E20 44.16	2000
56	42N27 42.60	94E57 32.56	42N26 12.20	95E20 53.32	2000
57	42N28 4.03	95E14 17.90	42N24 43.49	95E24 8.53	2050
58	42N26 10.54	95E23 34.53	42N20 55.69	95E28 33.40	2100
59	42N26 26.55	95E22 43.20	42N20 35.95	95E28 16.07	2100
60	42N26 28.26	95E22 5.46	42N20 16.20	95E27 58.76	2100
61	42N21 16.83	95E28 1.98	42N16 47.79	95E38 23.06	2300
62	42N20 57.94	95E27 47.15	42N15 44.73	95E39 49.86	2300
63	42N20 39.03	95E27 32.28	42N15 25.88	95E39 34.98	2300
64	42N17 27.96	95E35 24.50	42N14 6.45	95E40 34.90	2400
65	42N18 14.72	95E33 27.47	42N13 21.13	95E40 59.83	2350
66	42N15 44.93	95E39 53.48	42N08 53.68	95E45 31.17	2400
67	42N15 48.45	95E39 16.09	42N08 50.31	95E44 59.53	2550
68	42N16 6.88	95E38 26.41	42N08 53.85	95E44 22.21	2550
69	42N10 55.91	95E43 45.65	42N09 49.73	95E45 35.21	2550
70	42N10 10.24	95E44 3.99	42N08 37.69	95E53 38.57	2580
71	42N09 43.34	95E44 32.27	42N08 12.62	95E53 55.28	2580
72	42N09 18.28	95E44 49.06	42N07 51.25	95E53 49.04	2580
73	42N07 52.96	96E00 16.59	42N06 16.55	96E05 44.42	2700
74	42N08 14.32	95E57 43.75	42N05 49.75	96E05 55.52	2700
75	42N08 16.39	95E56 16.45	42N05 22.98	96E06 6.59	2750
76	42N08 15.26	95E55 0.12	42N04 56.18	96E06 17.65	2800
77	42N08 26.89	95E53 0.02	42N04 32.66	96E06 17.83	2850
78	42N08 12.95	95E52 27.41	42N03 27.27	96E08 39.87	2850
79	42N08 27.74	95E50 16.37	42N03 0.49	96E08 50.93	2850
80	42N05 49.85	95E57 55.69	42N02 40.23	96E08 39.94	2800
81	42N05 19.90	95E58 17.71	42N02 29.58	96E07 56.39	2800
82	42N04 46.74	95E58 50.63	42N02 31.80	96E06 29.20	2800
83	42N03 23.35	96E01 59.19	42N07 12.06	96E04 53.08	2850

（2）项目组及其分工

为保证本项目的顺利进行，项目组明确了项目实施过程中涉及的技术人员及其相应职责，确保各项工作能够具体落实到每一个人，使项目成果质量得到全面保证。

项目人员分为五个作业组，分别为指挥协调组、航飞数据采集组、GPS 基站

外业组、数据预处理及管理组、数据后处理组。

1）指挥协调组：主要负责项目的具体设计、落实项目实施及各部门的技术协调、解决项目实施过程中的技术问题、监督各阶段技术质量和成果质量。

2）航飞数据采集组：按照设计任务书的要求负责获取原始激光及其数码影像数据。

3）GPS 基站外业组：在飞机飞行过程中负责 GPS 基站数据的记录，确保基站数据可用，观测时间段保证包括飞机从起飞到降落的全过程。

4）数据预处理及管理组：负责数据下载及激光数码影像数据预处理，原始及成果数据的整理及管理。

5）数据后处理组：负责数据后处理（点云分类和 DOM 制作）的全面运行，包括数据移交、数据的分配、工程进度监控、项目执行中技术问题的解决、技术流程的优化、质量监督检查工作，对生产过程中每一个环节进行监控检查。

（3）项目实施进程

本项目从计划到实施前后经历近一个多月的时间。项目地面工作于 2008 年 2 月 12 日正式启动，外业人员开始踏勘、选点，2 月 16 日激光数码航摄设备及其相关人员抵达哈密，后受测区降雪的影响，于 3 月 5 日进行第一个架次的数据获取，设备及飞行状况正常，但是有两条航线地面积雪偏多，对后期制图可能造成影响，只能等待地面积雪融化后进行，直到 3 月 29 日，数据获取工作才全部完成。

在数据获取工作全部完成后，对测区所有的 IMU/GPS 数据进行解算，完成解算后快速制作出全区 DEM 及 DOM 成果，供设计单位踏勘线位使用。5 月 1 日完成全部解算及分段工作，移交制图组进行后续处理。5 月 10 日，全部原始数据及成果数据整理完成，并通过内部的质量检查。

（4）项目航飞数据采集概况

1）激光数据质量概述。激光数据质量总体良好，激光点的反射情况及点密度正常。在 3 月 5 日第一个架次的飞行中，由于局部积雪影响了激光点的接收，49 ~ 52 航线东段及 53、54 线大部分受到一定程度的影响。49 ~ 52 线东段相对较少，故没进行补飞。53 及 54 航线大部分受了影响，而且积雪相对较多，后期对这两条航线进行了重新飞行，获取的激光数据完好。

2）数码影像数据质量概述。数码影像质量好，影像清晰，色彩正常，只有 76 航线出现一张漏片，由于航线是按 60% 的重叠度进行设计的，故没有出现影像漏洞，无须补飞，其余航线曝光及存储正常，数据完全满足后期制图要求。

（5）数据预处理

在飞行之前，共选择了 8 个控制点作为基站点。得到基站的 WGS-84 坐标后，进行差分处理。在 GPS 数据差分处理时，一般正解和反解会同时进行，最终结果为正反解的综合结果。对于同一个位置，正反解会带来不同的结果，结果差异值可以比较好地反映最终差分结果的精度。

差分 DGPS 是按天、按架次来解算的，首先是 20090305 的数据（注：2009 年 3 月 5 日测得的数据，下同），经过多次解算，得到测区内机载 GPS 正反解差值都在 0.1m 范围内，如图 6.2 所示。

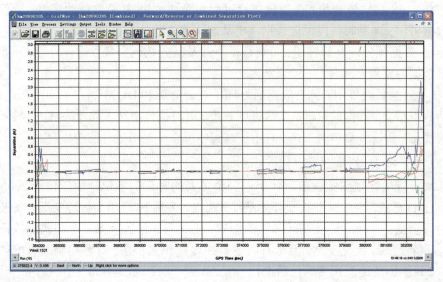

图 6.2　20090305 DGPS 解算正反解差异

然后是 20090323 和 20090329 的数据解算，经过反复调整解算，得到机载 GPS 正反解误差，这个误差基本上控制在 0.1 m 范围以内，如图 6.3、图 6.4 所示。

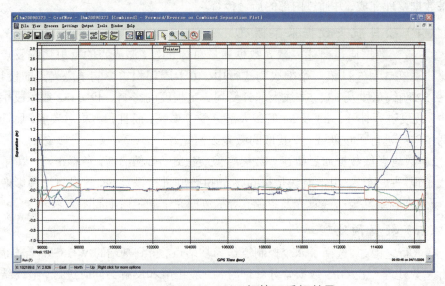

图 6.3　20090323 DGPS 解算正反解差异

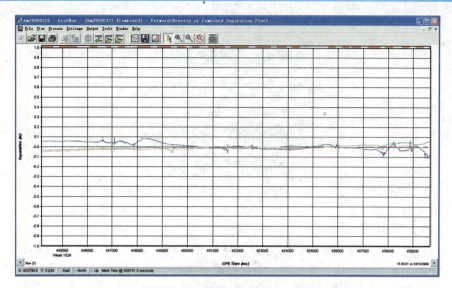

图 6.4　20090329 DGPS 解算正反解差异

2009 年 3 月 24 日的数据，GPS 正反解误差控制在 0.1 m 范围以内，如图 6.5 所示。

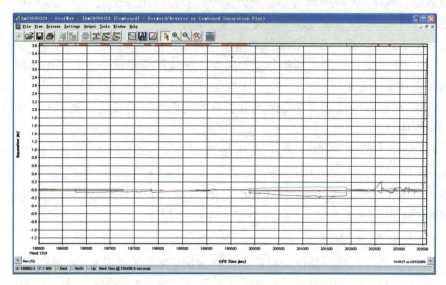

图 6.5　20090324 DGPS 解算正反解差异

测区内共测定检校参考面 7 个，用全站仪对沿线控制点进行测量，用每个参考面使用的控制点加以命名，每个参考面的高差调整值如表 6.3 所示。

表 6.3　哈密—新甘界线路参考面高程调整值

项目	调整高差 / m
H0506	−0.251
H3536	−0.126
H6061	−0.077
H7677	−0.283
Y0102	−0.200
Y1718	−0.212
Y3940	−0.210

（6）项目数据制作

项目成果要求为数字高程模型（DEM）、数字正射影像（DOM）及等高线图。在实际制图实施过程中，要求每一个过程都要进行自检、互检、质检员检查，严格把好产品质量。制图成果首先经质检员验收，最后由项目负责人验收，最终提交资料管理室。

1）正射影像的制作基于地面模型，所以要首先对激光点进行分类，分出精确的地面点。制作流程为：激光点自动分类→检查修改地面模型→激光点精确分类→导出地面点→调入数码影像和相机文件→添加像片间连接点→影像色彩拼接线调整并生成正射影像→正射影像检查修改→提交正射影像成果。

2）分类激光点数据。精确分类的激光点→按图幅分块→分别导出地面点和非地面点→提交成果。

3）提交测区等高线成果。激光分类后的地面点→构建地面模型→生成等高线→提交成果。

4）提交（哈密—新甘界）线路最终成果。正射影像：TIF+TFW 格式，1 km×1 km 分幅，共计 1104 个文件，数据大小 77.1 GB；分类激光点数据：XYZ格式，1 km×1 km 分幅，共计 1104 个文件，数据大小 8.45 GB；测区等高线成果：DXF 格式，共计 9 个文件，数据大小 751 MB。

（7）数据质量评估

1）分类激光点数据检测。对照激光点数据，在测区抽查 DEM 进行检查，主要检查激光点分类是否出现误分、漏分，模型是否存在粗差和过度不光滑的地方，对出错的地方进行修改纠正，保证地面模型符合实际地形。经过检查，分类激光点数据满足项目设计要求。

2）数字正射影像数学精度检测。正射影像检查主要参照激光地面点进行，在保证激光点精度的基础上，确保正射影像与激光点匹配完好；图面精度检查主要参考相关数字产品检查标准，检查图面是否有瑕疵、色彩差异等。经检查，正射

影像图满足项目设计要求。

3）等高线检测。等高线由地面模型数据自动生成，进行了简单的光滑，弯曲及小圆圈仍较多，未进行过多的美化修饰，这样的等高线在美观上相对差一些，但能很真实地反映地形的实际高差情况，具有较高的精度。

6.1.3　大地水准面精化技术与机载激光数据集成

在京新高速公路明水（甘新界）至哈密段公路建设项目的勘测中，由于山高路陡，灌木丛生，地形极其复杂，其沿线的高程控制极难实施。本项目提出通过建立新疆伊吾—明水—骆驼圈子带状似大地水准面，解决京新高速公路明水（甘新界）至哈密段公路建设中的高程测定难题。

在新疆伊吾—明水—骆驼圈子带状似大地水准面确定中，格网空间重力异常利用了 Airy-Haiskanen 均衡归算计算的均衡异常，地形改正（即 Helmert 凝集层位所产生的引力影响）和均衡改正采用了顾及地球曲率的严密球面积分公式，积分半径为 300 km。在计算平均空间重力异常时采用了 3360 个点重力数据（如图 6.6 所示）。

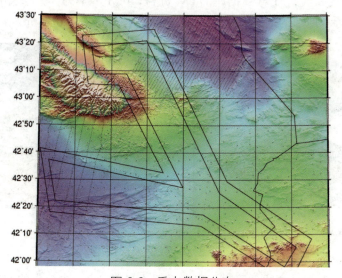

图 6.6　重力数据分布

为了确定新疆伊吾—明水—骆驼圈子带状似大地水准面，观测了 8 个达到 B 级 GPS 网精度的 GPS 点，在这些点上分别有一等平面和二等水准测量资料，其点位分布如图 6.7 所示。

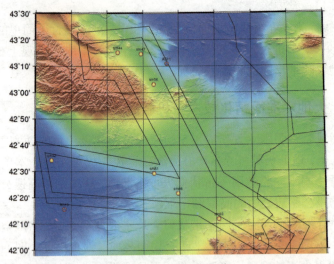

图 6.7　GPS 水准点位

　　计算格网布格改正、地形改正和均衡改正时采用了美国航天飞机雷达地形测绘任务的空间飞行任务数据库 DTM 资料，其分辨率为 3″x3″，如图 6.8(a) 和图 6.8(b) 所示，地形的最小、最大高程值分别为 432 m 和 4876 m。

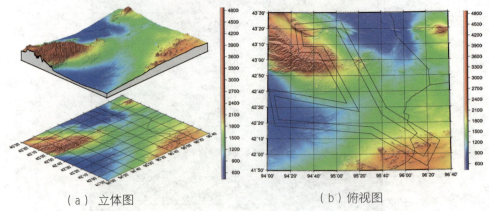

（a）立体图　　　　　　　　　　（b）俯视图

图 6.8　3″x3″ 数值高程模型

　　格网空间重力异常的计算采用点均衡重力异常，点重力值上的空间改正和布格改正均由重力点上的高程计算，地形改正和均衡改正由严格的数值积分计算得出 3″x3″ 地形改正结果，再利用双三次内插方法得到。点均衡异常在内插其相应的 2′ 格网值时，利用张量曲率连续样条算法完成。由于有些地区没有实测点重力值，因此，在 2′x2′ 格网上没有值时，利用 WDM94 地球模型填补，图 6.9、图 6.10 分别给出了 2′x2′ 均衡和空间重力异常图。在该地区空间重力异常的最小和最大值分别为 −129.867 mGal 和 293.33 mGal，而均衡重力异常的最小和最

大值分别为 −106.670 mGal 和 0.999 mGal。

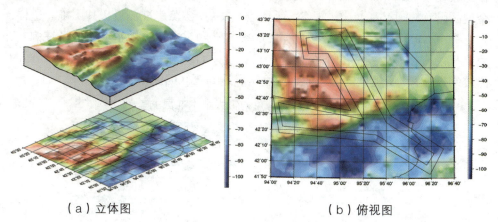

（a）立体图　　　　　　　　　　　　（b）俯视图

图 6.9　2′30″x2′30″格网均衡重力异常

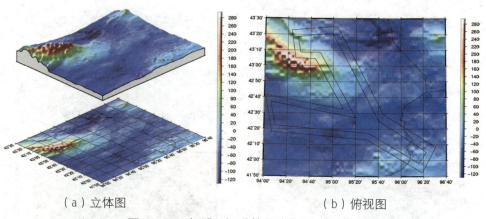

（a）立体图　　　　　　　　　　　　（b）俯视图

图 6.10　2′30″x2′30″格网空间重力异常

采用陆地 2′格网空间重力异常作为输入数据，以 EGM08 模型作为参考重力场模型。似大地水准面的计算采用了第二类 Helmert 凝集法，在利用第二类 Helmert 凝集法计算大地水准面中的各类地形位及地形引力的影响，即：牛顿地形质量引力位和凝集层位间的残差地形位的间接影响以及 Helmert 重力异常由地形质量引力位和凝集层位所产生的引力影响，采用的公式均考虑了地球曲率影响的严密球面积分公式。计算地形直接和间接影响的积分半径均采用 300 km。似大地水准面成果如图 6.11 所示。

GPS 水准与重力似大地水准面的比较结果由表 6.4 列出，可以看出，QM42 点的 GPS 水准似大地水准面与重力似大地水准面之差为 1.823 m，我们认为这个点的 GPS 观测成果或水准成果有粗差，因此，在移除重力似大地水准面与 GPS 水准的系统偏差时，没有采用这个点。表 6.5 给出了 GPS 水准与重力似大地水准面作比较的统计结果，从表 6.5 知，GPS 水准成果的标准差为 ±0.040 m。由于这个地区已有的国家水准成果很少，而且地形复杂，实测水准测量极其困难。这样，只有 7 个 GPS 水准点可用，为了消除 GPS 水准和重力似大地水准面的系统偏差，我们只能直接移去两者的系统偏差。根据上述 GPS 水准与重力似大地水准面的比较结果来看，所提供的最终成果精度可以达到 ±0.040 m。

表 6.4　GPS 水准与重力似大地水准面的差值

点号	纬度 / °	经度 / °	差值 / m
QM42	42.571	94.150	1.823
SM44	43.255	94.764	0.080
SM47	43.246	94.980	−0.055
SM56	43.052	95.097	−0.032
SM81	42.489	95.097	0.018
SM86	42.361	95.318	0.009
SM93	42.198	95.690	−0.008
SM99	42.068	96.056	−0.013

表 6.5　GPS 水准与重力似大地水准面高的比较

点数	最大值	最小值	平均值	均方根	标准差
7	0.117 m	−0.018 m	0.037 m	± 0.054 m	± 0.040 m
7	0.080 m	−0.055 m	0.000 m	± 0.040 m	± 0.040 m

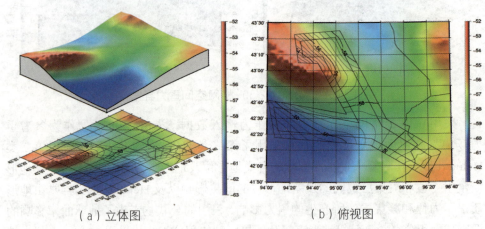

（a）立体图　　　　　　　　（b）俯视图

图 6.11　2′30″×2′30″ 重力似大地水准面图

新疆伊吾—明水—骆驼圈子带状高精度局部似大地水准面及高精度 GPS 网成果，不仅可以建立与国家大地测量坐标相一致的精确的区域大地测量平面控制框架，而且结合高精度 GPS 大地高可以快速地获取地面点的水准高程，将极大地改善传统高程测量作业模式，从而使费用高、难度大、周期长的传统高精度水准

测量工作量减少到最低限度。似大地水准面成果结合 GPS 测量可以满足新疆伊吾—明水—骆驼圈子带状公路施工测量和工程建设对高程精度的需要，具有特别重要的科学意义、社会效益和巨大的经济效益。

6.1.4　数据应用效果

在勘察设计过程中使用了 LiDAR 激光点云数据、DOM、DEM、三维数字化地形图等产品，通过使用这些产品，特别是使用 LiDAR 激光点云数据、DOM、DEM 等产品后，缩短了约 20 天的勘察设计周期，提高了路线方案设计的质量，细化了征地拆迁数量及地类，精确了土石方量计算，大大减少了外业测量作业时间，为勘察设计争取到了宝贵的时间，具体应用情况分几个方面进行说明。

1. 时间

飞行完成后一周时间即可提供第一批 1 m 分辨率的正射影像（图 6.12）和等高线图，比传统航测速度快 50% 左右。

2. 方案比选

设计单位收到正射影像和等高线图后，立即安排人员利用现有资料进行纸上定线，并打印出正射影像图后派人送至库车—阿克苏工地现场踏勘，经现场比对，提供的正射影像图（图 6.13）现势性很强，影像清晰，成图质量好，为踏勘提供了很好的帮助。经过图上定线，减少了外业踏勘时的工作量，为路线方案的比选提供了准确的平台。

图 6.12　清晰的正射影像图

图 6.13　在正射影像上进行方案比选

3. 拆迁

最终提供的 0.2 m 分辨率的正射影像成像清晰，除部分需要调查外，大部分需要拆迁的房屋和电线杆等都可从图上判读，减少了外业工作量，加快了设计进度，保证了设计质量。

4. 征地

0.2 m 分辨率的正射影像成像清晰，可以清楚地看到征地范围内的地类和地类界（图 6.14），设计人员可以在室内对征地的范围、面积、地类进行清晰的判读，减少了外业工作量，加快了设计进度，保证了征地地类和面积的准确性。

图 6.14　准确的用地面积统计和地类区分

5. 点云数据的应用

点云数据建模以后，取代了以前大量的横断面测量，最少节约了 20 个组 15 天的外业工作量，并且减少了人为的测量所带来的错误和粗差，加快了设计进度，保证了路线设计的合理性和准确性。

施工图设计中完成了中桩测量和部分断面测量，采用 CARD/1 和纬地道路设计软件对外业实测的中桩横断面数据和数模数据进行了比较，比较中桩散点数据 5000 余个，比较横断面 244 条。数据比对后，中误差为 ±14cm，满足《公路勘测规范》设计要求。

采用点云数据建模以后，其密集的地面点构建了精准的 DEM，比以前采用地形图进行土石方量计算要准确很多，可以更精确地估算土石方量，为工程概预算提供了翔实的基础数据，增加了工程概预算的准确性。

6. 结论

通过本项目对 LiDAR 技术产品的广泛应用，得出以下几个结论：

1）采用 LiDAR 技术比传统方案航摄时间短，数据准确，缩短了路线方案设

计的时间。

2）本项目使用 LiDAR 技术的产品 DOM、DEM 等，不但缩短了设计周期，并且为路线方案设计的合理性和工程量预算的准确性打下了坚实的基础。

3）本项目使用 LiDAR 技术的产品 DOM、DEM 等，大大减少了外业工作量，很多以前需外业调查和外业实测的部分，现在都可以在室内进行，缩短了设计周期。

§6.2　西藏巴青至达麦公路车载激光应用案例

本项目地处西藏北部，介于北纬 31°32′ 至 31°54′、东经 94°03′ 至 94°46′ 之间。斜拉山至巴青段改建整治工程项目位于那曲地区巴青县境内，项目起点接丁青至斜拉山项目终点，终点位于巴青县（与巴青至夏曲卡的起点相接），路线总体走向由西向东，路线起伏较大，高程在 3800 m 至 4500 m 之间，呈不均匀起伏变化，推荐线路全长约为 129 km。

本项目采用车载 LiDAR 技术进行数据采集，成图范围为沿拟建公路中线两侧各 100 m 至 150 m 的带状地区，路线起讫点前后各延伸 500 m。

测区内交通较为方便，沿途村庄较为分散，植被较少，通视条件较好。测区位置如图 6.15 所示。

图 6.15　项目测区位置

6.2.1 车载激光数据采集和处理方案

1. 技术设计

开展 G317 国道车载 Lynx 激光扫描测量及数字高程模型（DEM）、数字正射影象（DOM）产品制作工作，为 G317 国道旧路改造和公路三维数字化管理平台建设提供基础测绘产品。该测区总里程约 110 km，需要提取和制作道路两侧各 100m 范围内的 1∶2000 比例尺 DEM 和 DOM 产品。

测区位于青藏高原，平均海拔在 4500 m 左右，多处于地形复杂的山区，且空气干燥、稀薄，太阳辐射强，气温低，容易发生急性缺氧反应或生病。因此，本项目测区工作环境总体比较恶劣，工作难度比较大，更需要在人员组织和安全方面做好保障。

项目采用的技术规范有：CJJ/T 8−2011《城市测量规范（附条文说明）》、GB/T 7931−2008《1∶500、1∶1000、1∶2000 地形图航空摄影测量外业规范》、GB/T 7930−2008《1∶500、1∶1000、1∶2000 地形图航空摄影测量内业规范》、GB/T 15967−2008《1∶500、1∶1000、1∶2000 地形图航空摄影测量数字化测图规范》、GB/T 17798−2007《地理空间数据交换格式》、GB/T 18316−2008《数字测绘成果质量检查与验收》、GB/T 17941−2008《数字测绘成果质量要求》、本项目技术设计书。

对于成果的规格及要求为：平面坐标系统采用 WGS-84 大地坐标系，UTM−6 度分带投影；高程坐标系统采用 WGS-84 大地高；数字高程模型产品比例尺为 1∶2000，数字正射影象产品比例尺为 1∶2000；产品分幅及编号参考《公路勘测规范》。

2. 产品精度

最终产品的平面精度和高程精度的最大误差规定为中误差的两倍。

（1）平面精度

平面精度主要指数字正射影像的平面精度。地物点对最近野外控制点的图上点位中误差不得大于表 6.6 中的规定。

表 6.6 平面精度指标

地区类别	平地、丘陵地	山地、高山地
地物点位中误差	≤0.5 m	≤0.75 m

（2）高程精度

高程精度主要指数字高程模型的高程精度，其格网点的高程中误差应不大于相应比例尺测图规范中规定的等高线高程中误差。

1：2000 比例尺对应的高程注记点、等高线对最近野外控制点的高程中误差不得大于表 6.7 中的规定。

表 6.7　高程精度指标

地形类别	平地	丘陵地	山地	高山地
高程注记点高程中误差	≤0.4 m	≤0.5 m	≤1.2 m	≤1.5 m
等高线高程中误差	≤0.5 m	≤0.7 m	≤1.5 m	≤2.0 m

3. 作业流程及产品制作方法

（1）作业流程

整个项目的作业流程图见图 6.16 所示。

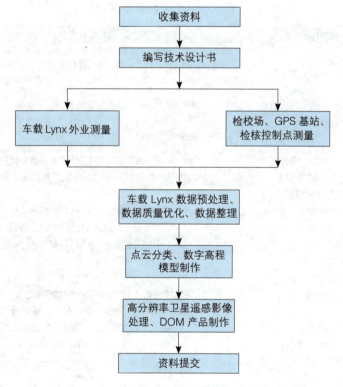

图 6.16　作业流程

为保证本测区的测绘产品精度，采用车载 Lynx 移动激光扫描测量和高分辨率卫星遥感影象的集成作业方法。具体做法为：

1）进行 Lynx 设备检校场控制点、GPS 基站控制点、检核控制点等多类控制点的前期控制测量工作，为项目成果质量控制打好基础。

2）开始测区的车载 Lynx 移动激光扫描外业测量和原始成果解算，提交公司进行内业数据处理。

3）内业队伍在测区控制点参考下进行点云的数据质量优化和检查、点云的精细分类，制作符合行业规范要求的 1∶2000 比例尺数字高程模型产品；最后，采购第三方卫星遥感影像进行相关数据处理、影像拼接和裁切，制作符合行业规范要求的 1∶5000 比例尺数字正射影像。

产品制作结束后应首先进行作业员自查，满意后由部门安排进行 100% 回放检查，合格后作为最终成果提交给客户。

（2）车载 Lynx 测量

测区内已布设有精度满足要求的控制点。车载 Lynx 测量采用性能优异的加拿大 Optech 公司生产的车载 Lynx 设备，主要技术指标参见表 6.8。

表 6.8　Lynx 设备参数

设备功能		技术参数								
测距能力 （8 km 大气能见度）		100 m @ 20% 目标反射率、120 m @ 30% 目标反射率、135 m @ 40% 目标反射率、148 m @ 50% 目标反射率、157 m @ 60% 目标反射率、173 m @ 70% 目标反射率、185 m @ 80% 目标反射率								
建筑物测高能力 （设玻璃幕墙反射率为 20%）	车距离建筑物 / m	10	15	20	25	30	35	40	45	50
	测高能力 / m	99.3	98.5	97.3	95.8	93.9	91.6	88.9	85.7	82.1
两侧非规则墙体测量盲区		Lynx 是唯一没有两侧非规则墙体测量盲区的系统								
扫描环与车辆位置关系		扫描环中心位于车辆尾部，数据采集随车辆同步进行								
车辆转弯测量盲区		无盲区								
脉冲发射频率		每个传感器头 100 kHz，配置有 2 个								
激光等级		IEC Class 1 对人眼无害的安全等级								
视场角		1 至 4 个相互交织的传感器，每个有 360° 视角								
回波信号采集		同步多次回波 1、2、3、末次回波								
相机像素大小		500 万像素，配置有 2 个摄像头								
数据存储		可插拔硬盘（保证连续采集数据超过 8 小时）								
系统控制		集成计算机与笔记本操作界面，易用、无需操作多个界面								
IMU/DGPS 系统		POS-LV 220 系统，使用 FSAS 光纤陀螺								
GPS 失锁精度保障时间		1 分钟，等同于 1 km 路程								
平面或高程精度		±10 cm								
测距分辨率		±8 mm								
点分辨率		小于 10 cm（10 m 距离，50 km/h）								
最大行驶速度		100 km/h								
数据处理软件		第三方的 TerraSoild 软件								
要达到指标精度，Lynx 系统的 GPS 数据精度必须满足要求；测量期间所有接收机需要保证最少 6 颗卫星的观测量；卫星的高度角大于 15°；卫星位置分布良好（例如，PDOP<3）；系统到地面基站距离小于 30 km										

（3）基础控制测量

所有控制点的坐标基准为 WGS-84 大地坐标系，投影为本项目工程坐标系。

1）检校场测量。车载 Lynx 检校场需要选取一个特征建筑物，选取要求为：在 GPS 观测条件良好的城市郊区地带，选取检校建筑物，确保周围无电磁等复杂情况干扰；建筑物四周 100 m 以内（尽可能远些）有道路可方便环绕通行，且道路平坦，车辆行驶过程中不会出现大的晃动；建筑物高度最好在 10 m 左右；建筑物侧墙面上存在窗户等可方便进行控制点布测的点位特征。

图 6.17 为一个典型的车载 Lynx 设备检校场示意图。在具体实施时，沿建筑物外围按顺时针和逆时针方向分别测量两次。

图 6.17　检校场及检校方案示例

在建筑物四周侧墙面上，大致均匀地布设一些特征控制点，要求如下：在窗户、门等存在墙面凹凸的位置布设特征控制点，每个墙面需大致均匀布设 10 ～ 20 个控制点；控制点绝对精度在 5 cm 以内。

2）GPS 基站控制点测量。GPS 基站控制点绝对精度要求优于 30 cm。选择 GPS 基站控制点位时，应考虑以下几方面因素：点位应设在易于安装 GPS 接收设备且视野开阔的位置上；点位目标显著，视场周围 10° 以上不应有障碍物，避免卫星信号被障碍物遮挡；远离大功率无线电发射源，远离高压输电线；远离大面积的水域，避免多路径效应；选择交通便利，利于观测和联测的地方；地面要稳固，方便保存点位；不要直接选在公路上，否则行驶的汽车会对 GPS 观测信号形成干扰。

本项目线路长约 700 km，测区地形复杂，多处于山区。因此，GPS 基站位置的选择需要综合考虑测区的地形情况、已有地面控制点资料的分布情况及 GPS 基站半径的精度有限覆盖范围约束（道路两侧平坦地区设计半径为 10 ～ 15 km，道路两侧地形起伏大的地区设计半径为 5 ～ 10 km）等，项目实施前再与甲方沟通确定具体方案。

（4）检核控制点测量

考虑到项目检查，需要在测区布测少量控制点，用于车载 Lynx 点云和数字高程模型产品精度的评价，检核用的控制点精度要求优于 5 cm。检核控制点测量方案和数量需要具体协商讨论，计划每 10 km 路段选取一个评价区进行高程控制点的测量。在每个评价区内至少需要测量 3 个控制点,在评价区中心 1 km 线路范围内每隔 200 m 测量 1 个检测点,共测 5 个检测点。

检测控制点要求大致均匀地布设在道路路面上、道路两侧 30 m 左右范围及道路两侧 60 m 左右范围。如布设在道路上且周围存在斑马线等明显纹理特征时,建议选取在斑马线特征角点等特征点位上。

（5）控制点测量方法

本项目为公路条带式测图项目,测区覆盖范围大,需要测量大量控制点。检校场控制点采用 GPS 单点定位静态观测、GPS RTK 和碎部方法联合测量的作业方法完成。

1）检校场控制点测量方法。在测量方案上,采用两级布网的方案。图 6.18 为示例的测量方案示意图,主要包括以下步骤：由 P_1、P_4、P_7 三点构成闭合三角形,与周围高精度基准控制点（GPS 单点定位静态测量）进行 GPS 静态联测,经网平差后获取三点坐标。以 P_1 点平差坐标作为起算数据,在 P_1 点架设参考站,利用 GPS RTK 测量模式,测量得到 P_2 至 P_{14} 各点坐标。其中,通过比对 P_4、P_7 点的 RTK 测量结果与其静态测量结果,可对 RTK 精度进行评定。在 GPS RTK 控制点设站,利用免棱镜全站仪对建筑物特征控制点进行测量。为避免距离过长以及入射角度过大而损失精度,每侧墙面对应布设左、右两站,共 8 站,分别是 P_{10}、P_9、P_8、P_7、P_6、P_5、P_4、P_3,在每一测站只负责对应墙面上左侧或右侧部分点位的测量。为检核建筑物上控制点的精度,同侧墙面相邻两站之间应设置重合点,且每一设站应对另一已知控制点进行测量。最后要给出建筑物特征控制点的测量评价报告。

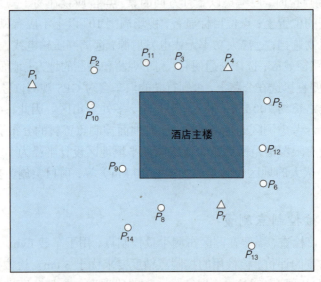

图 6.18　检校场控制点测量方案示意

2）GPS 基站控制点和检核控制点测量方法。测区 GPS 基站控制点和检核控制点采用 GPS 单点定位静态测量、GPS RTK 测量方法完成。具体过程如下：GPS 单点定位静态测量，完成 GPS 基站控制点和检核评价区图根控制点的高精度测量。对测区内设计的控制点采用 GPS 单点定位静态测量方案，完成测区控制点的测量；GPS RTK 测量，在评价区进行除图根控制点外的其他检核控制点测量。在测区 GPS 单点定位静态观测的控制点基础上，采用 GPS RTK 测量技术对剩余需要的控制点进行测量。

（6）外业测量注意事项

1）GPS RTK 测量注意事项。测区部分控制点观测采用 GPS RTK 技术进行观测，每点观测两次，取中数作为最后成果。观测前应认真建立基准站，基准站的建立要满足下列要求：基准站的位置应设置在分测区路段的中间附近，且方便看护和架设；为了流动站与基准站的正常通信，条件允许的情况下，基准站的位置还应设置在高处；测量区域半径不超过 5 km；观测前应在已知点上进行检核，确定基准站和接收手簿各项参数输入正确后方可正式作业；观测时一定要认真量测每一点的天线高度，并正确输入每一站的天线高度，确保每个点的观测成果正确可靠。观测时尽量使天线水平气泡居中并保持稳定；实地观测时每点要进行点名、仪器高的输入，注意每点的实地检查，必要时应做好相应记录，如记录仪器高等。

2）GPS 基站架设观测注意事项。分测区车载 Lynx 测量期间，为保证基站观测数据的准确性和精确性，需要遵守以下注意事项：架设 GPS 接收机，严格对中整平，测量仪器高度时，从 GPS 天线的三个不同位置量测到地面点的距离，三次测量的仪器高，互差不能超过 3 mm；所有人员必须提前到达基站位置，架设好仪器后向负责人汇报，填写 GPS 观测记录手簿，等待开机；外业操作尽量简化，不要使用蓝牙等附属设施；GPS 开关机要听从统一指挥，保证 GPS 基站观测的时间；保证作业过程中 GPS 设备供电不间断；作业过程中时刻注意接收机的工作状况，若有异常情况及时向 GPS 基站负责人汇报；基站至少配备 1 人，保证作业过程中联系畅通，尽量避免在接收机 10 m 范围内通电话；保证作业过程中有足够的存储空间，观测数据必须在当天下载、备份、检查、提交；地面 GPS 同步观测时，采样频率为 2 Hz。

（7）车载 Lynx 测量及数据预处理

1）设备检校。设备检校是保证车载 Lynx 激光扫描测量成果精度的核心环节，需要精细检校出激光传感器的航偏角、侧滚角和俯仰角三个姿态角。如沿点状地物两侧同方向测量，航偏角角误差（图 6.19）会导致该点状地物在平面位置上存在不匹配的问题，顶视图表现为平面位置上的错位；俯仰角角误差（图 6.20）会导致与行驶方向垂直的同一墙壁的点云数据不匹配，剖面图表现为两条交叉线；侧滚角角误差（图 6.21）与行驶方向平行的同一墙壁点云数据不匹配，剖面图表现为两条交叉线。由此可知，若按检校路径对建筑物检校场进行测量，即可完成安置角误差检校的工作。

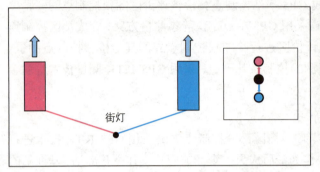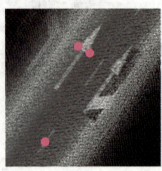

图 6.19　航偏角角误差示意

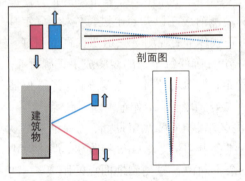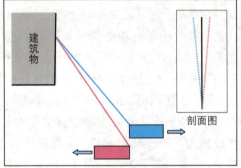

图 6.20　侧滚角角误差示意图　　　　6.21　俯仰角角误差示意

2）车载 Lynx 外业测量。车载 Lynx 外业测量主要包括测区内 GPS 基站架设和车载设备的数据采集工作，GPS 基站架设和静态观测按照传统 GPS 静态观测技术要求实施。车载 Lynx 设备的外业数据采集需遵循如下原则：定期进行设备维护；根据工作计划确定每天的测量路段，打印外业测量需要的地形图或提供充足的地图信息以供参考，可一次打印全部作业区域或只打印当天的作业区域，若一次打印全部作业区域，应将纸质地形图编号；使用自设基站时，应与基站架设人及时联系，说明所需采样频率（2 Hz），确保基站提前 1 至 2 个小时开始工作，并且延后 1 小时停止记录数据；抵达测区前约 20 分钟开启 POS 系统，供 IMU 动态初始化，正式作业开始、结束前，需要静态观测 15 至 20 分钟，以保证定位精度，作业过程中应注意行车方式及速度，争取最大范围地覆盖目标地物，转弯处行车速度不宜太快，建议速度介于 20 ~ 30 km/h 之间；完成预定作业计划后，设备操作人员应严格按要求填写 Lynx 作业日志记录表，利用 ArcGIS 等软件在电子地图上注明所测区域，以便相关后续统计。

3）数据预处理。原则上要求上一次外业所采集数据的预处理和质量初步检

查工作应在下一次外业前全部处理完成。预处理需按以下流程进行：将 Lynx 日志记录表整理成册，也可整理成电子形式，以便相关负责人调阅；将所有原始数据、数据成果空运回公司，并上传至服务器，要求文件目录结构清晰明了，便于发现问题时快速定位，同时，在经公司内业负责人检查确定所有数据完备、数据文件正常后，通知外业人员可删除数据；在 POSPac MMS 软件中解算 POS 轨迹线文件，并通过 POSGNSS 进行数据质量分析，初步确定点云精度和质量；结合航迹线精度，检查点云条带间、双传感器间内符合精度，正常情况下，在道路两侧 67 ~ 70 m 处点云平面匹配误差应小于 20 cm，高程匹配误差应小于 10 cm，如不符合，则说明该地段点云精度较差，需要采集控制点进行数据纠正，控制点采集密度需根据航迹线解算精度确定，一般使用地面分道线、斑马线等特征作为参考控制点，点云格式为 LAS 格式；数据经检查确认质量合格后，拷贝至硬盘，寄送时应翔实明确记录移交相关信息，如交付数据覆盖范围、数据量、文件个数等。

（8）DEM 产品制作

根据 GPS 基站精度有效覆盖半径的设计原则，此项目的外业测量工作将分为若干个分路段测区，数据的组织管理也以每个分测区的方案进行分割管理。但是，外业测量获取的激光点云文件很大，后期内业数据处理和提取操作很难对一个整体文件进行。因此，需要沿道路方向对点云数据进行图幅裁切，以便分割成相对较小的点云文件。在 DEM 产品图幅管理方面有专门要求的，参照其图幅标准；否则可考虑沿实际道路方向，每隔 0.2 km，沿道路两侧各 150 m 宽的范围进行图幅设计和点云裁切。

1）点云裁切。打开 MicroStation V8 文件，并沿测区道路矢量线每隔 200 m、宽度 300 m 进行特制矢量图幅框的生成；在 TScan 中新建一个工程文件；框选工作区中所有的块（block），将选择的 block 块按照其实际命名添加到工程文件中，即可得到工作区 block 块的标准工程文件；将外业实测的 strip 条带点云数据导入到标准工程文件，为避免软件出错，每次导入的 strip 条带不能太多，完成后即可得到用于点云分类的标准 block 块点云；通过抽稀读取特制图幅中的点云数据，检查是否有缺失等问题，检查无误后提交下一道工序。

2）精确 Ground 分类。在 TerraScan 软件中采用 Ground 分类算法，设置合理的分类参数指标，可实现对整个工程图幅点云的宏批处理，自动进行初步的地面分类。点云自动分类后，大部分地面点已被分类到 Ground 类。由于该项目应用区域局部地形复杂、算法参数设置不合理、算法自身局限性等多方面原因，自动分类的结果仍然存在少量错误，需要人工核查、编辑和修改。

3）生产 DEM。在完成高密集点云 Ground 精细分类后，需要进行 2.5 m 标准格网的内插和标准文件格式的输出。主要工作流程如下：由 TScan 导出中间格式（GRD）文件，要求格网间距为 2.5 m；使用 GlobalMapper 软件将 GRD 文件进行批处理转换为 DEM 格式文件；选择转换源数据格式为"Surfer Grid"，选择目标数据格式为"DEM (USGS ASCII Format)"，投影类型选择"UTM"。

（9）DOM 产品制作

以上车载 Lynx 扫描获取的高密集激光点云，除了可制作道路两侧高精度数字高程模型外，还可以提取高精度的斑马线、建筑物角点等特征控制点。结合已制作完成的道路两侧高精度数字高程模型和测区内高分辨率卫星遥感影像，在 ERDAS 软件中可完成数字正射影像产品的制作，制作流程已非常成熟。

（10）质量保证

由于测区自然环境恶劣，产品制作工作量大，施测工期紧，因此开始作业前除认真学习测区设计书和有关规范、图式外，还制定了系统的质量保证措施，确保测绘成果达到优良水平。

严格按照质量管理办法，实行全过程质量管理。坚持"三级检查"制度，具体执行如下：各工序作业成果由作业员自查后交小组检查员检查，合格后交部门检查员进行 100% 检查并作出质量评定；经两级检查员检查修改后，最后交公司质检部门进行质量检查，核定产品质量，最终提交成果。

（11）应提交的资料

1：2000 比例尺 DEM（DEM 格式）、1：2000 比例尺 DOM（TIF 格式）、DEM、DOM 产品精度评价报告、项目技术设计书和技术总结报告各 1 份。

2. 项目实施

本项目位于西藏那曲地区巴青县境内，平均海拔 4000 m，最高海拔 4500 m，全长约 110 km，对无高原地区作业经验的 Lynx 设备是一个很大的考验。

本项目经过紧张准备，收集了大量的测区基础控制测量资料，所需的车载激光扫描设备于 2010 年 4 月运抵测区。工作人员分为三部分进行作业：野外实测数据、机载激光数据采集和处理、GPS 基站配合。激光数据采集有效天数为 5 天，平均每天采集路线里程 25 km 左右，激光扫描采用往返测量模式。

GPS 基站采用 3 台 Trimble 5800 双频 GPS 接收机，基站间距 4 km。检校场选在巴青县城的物资交流市场，该市场建筑有三层楼高且外表平滑。检校方法是围绕该市场正反向扫描两圈，然后进行点云匹配，计算侧滚角、俯仰角、航偏角三个姿态角参数。实际生产工作是从巴青县城开始至路线终点即巴青县与昌都地区的交界处。既有 317 线是沿山而建的土路基，路宽约 5 m，异常难行。部分路段左右是很高的陡坎，不利于车载 POS 系统的数据采集，基站 GPS 对激光扫描探测距离也有阻碍。经过多次研究和实验，通过改变采集路线、在计算中加入 DMI 数据进行平滑、改变车速等方法获取了完整的数据，获取数据俯视图与立体视图分别如图 6.22 和图 6.23 所示。

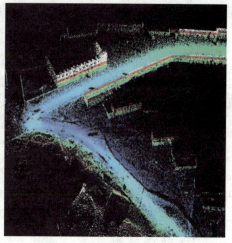

图 6.22　县城部分路段俯视图　　　　　　图 6.23　县城部分路段立体图

数据采集完毕后，首先采用加拿大 Optech 公司 POSPAC 软件进行轨迹线解算，再采用 DASHMap 软件生成激光点云，通过点云校正、匹配后进行分类，分离出地面点建立数字地面模型，用于公路勘察设计。经过野外实测数据检测，该项目采集的数据完全满足规范要求。全线共采集实地 3206 个高程点进行检查，中误差为 ±0.083 m，差值分布图如图 6.24 所示，其中 62% 以上的点误差在 0.1 m 以内，满足公路勘察设计的要求。

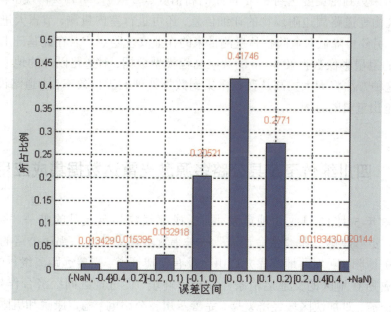

图 6.24　实测数据与激光数据差值分布

由于该项目是首次在西藏高海拔地区实施，在数据采集过程中遇到了如下方面的一些问题,并采取了一些办法加以解决。

(1)基站间距

厂家称基站和激光采集车的距离可达 10 km 以上,也就是说两基站间的间距可达 20 km,实地试验后发现基站距离激光采集车的距离一旦大于 4 km,差分解算精度就很低。经过实验,最终采用基站间距 4 km,确保激光采集车距离最近的基站点始终不超过 2 km,这样有效地保证了轨迹线的解算精度。

(2)存储设备

由于没有高海拔地区作业经验,因此在计划准备阶段忽视了存储设备的问题。初到测区即发现车载激光系统的存储设备——硬盘不能正常读写,多次试验未果后只有与厂家联系更换适应高海拔地区工作的硬盘才解决了问题。

(3)轨迹线解算

由于该项目实施区域位于山区,遮挡较为严重,不同的基站在同一时间观测到卫星的情况不同。经过实验,在进行差分解算时,没有采用组网模式,而是采用了单点解算方式,有效地提高了轨迹线的解算精度。

6.2.2 项目应用效果

车载激光扫描技术不受空域管制、天气条件、海拔高度等因素的影响,采用这一技术可采集到密集度达到 5 cm 间距的高精度点云数据,可真实再现出树木、车辆、建筑物等道路周边附属物的详细信息,还可进行室内量测,节省大量野外工作时间,另外可降低对危险物体量测带来的作业安全隐患。若在此基础上配合高分辨率的卫星影像数据及 30 m 的数字高程模型数据,对道路以外的地形作有效补充,这种方法将大大提高从数据采集到数据处理的工作效率,为道路设计、施工建设抢出宝贵的时间。

§6.3 四川绵竹至茂县公路多源激光雷达数据集成应用案例

2008 年 5 月 12 日汶川地震发生后,成都经汶川至茂县的唯一"生命线"中断,需要修建第二条"生命通道"——绵竹至茂县公路。绵茂公路的建设将彻底解决德阳、阿坝两地背靠龙门山而没有便捷通道,需要远距离绕行的困境,大大改善所在地区的交通运输条件和投资环境,促进地区间经济合作与物资、信息的交流,对加快区域经济发展、完善四川省公路网、稳定康藏和巩固国防均具有重要意义。

绵竹至茂县公路灾后恢复重建工程起于绵竹市汉旺镇,止于茂县境内茂北

线接线终点,设计速度 40 km/h,路基宽度 8 ~ 12 m,桥梁设计荷载公路—Ⅱ级,隧道建筑限界为 9 m×5 m,路面类型为沥青混凝土。路线推荐线全长 56.5 km,含全长 8 km 的蓝家岩特长隧道,如图 6.25 所示。工程总投资估算 22 亿元人民币,由中国香港特别行政区援建。项目位于青藏高原向川西平原的过渡地带,高山耸峙,峰峦叠嶂,河谷深邃,悬崖壁立,泥石流、堰塞湖遍布,环境十分恶劣。

图 6.25　项目航线设计

6.3.1　多源数据采集及处理方案

1. 项目资料搜集情况

地震使得测区内的所有国家平面控制点和水准点均遭到破坏,现有四川省测绘局提供的"地震灾区应急测绘基准",该基准提供 20 个连续 GNSS 站的三维空间坐标和似大地水准面精化成果,大地水准面精化分辨率为 2′ × 2′,精度优于 10 cm。另有 1 : 10 万地形图(附有路线方案)

2. 项目目标

1)采用国际先进的机载三维激光雷达硬件设备和技术,完成对公路规划线路两侧各 1000 m 内的 LiDAR 及数码影像数据采集工作。

2)完成激光 LiDAR 数码原始数据的预处理、激光点云数据分类处理、数字高程模型 DEM 加工、数字正射影像图制作、基本等高线生成等数据处理工作。

3）完成 1∶2000 数字化地形图编绘。

3. 项目数据成果及精度要求

1）数据采集覆盖带宽为主线和比较线两侧各 1000 m 以内范围，带宽约为 2 km，以满足甲方要求的成图范围为基准。路线起讫点处分别向前、向后延伸 500 m。

2）分类激光点云数据的地面点高程差值精度不大于 0.3 m，原始激光点间隔平均距离应小于 1.5 m。

3）正射影像图的像素地面分辩率 0.2 m。地物点平面位置精度按照国家规范 1∶2000 地形图地物精度要求。

4）分类激光点数据（地面点和非地面点两类）：采用 XYZ 和 LAS 格式；按照 1 km×1 km 准确分幅，每幅四周不外扩（即图幅之间没有漏洞，也没有重复数据）。

5）数字正射影像图成果数据：采用 TIF 和 TFW 格式；按照 1 km×1 km 准确分幅，每幅四周不外扩（即图幅之间没有漏洞，也没有重复数据）。

6）测区三维等高线成果：采用 DXF 和 DWG 格式，等高线为经光滑处理的三维多段线。

4. 采用标准和规范

1）《公路勘测规范》（JTG C10—2007）。

2）《公路勘测细则》（JTG/T C10—2007)。

3）《全球定位系统（GPS）测量规范》（GB/T 18314—2009）。

4）《全球定位系统（GPS）测量型接收机检定规程》（CH 8016—1995）。

5）《1∶500、1∶1000、1∶2000 地形图航空摄影规范》（GB/T 6962—2005）。

6）《1∶500、1∶1000、1∶2000 地形图航空摄影测量外业规范》（GB/T 7931—2008）。

7）《工程测量规范（附条文说明）》（GB 50026—2007）。

8）《国家基本比例尺地图图式 第 1 部分：1∶500、1∶1000、1∶2000 地形图图式》（GB/T 20257.1—2007）。

9）《测绘成果质量监督抽查与数据认定》（CH/T 1018—2009）。

10）《测绘成果质量检查与验收》（GB/T 24356—2009）。

11）《数字测绘成果质量检查与验收》（GB/T 18316—2008）。

5. 项目设备组织

1）机载系统：Leica ALS50-II+RCD105(35 mm)。

2）飞行平台：运 -12。

3）地面系统：3 台静态 GPS 基站，型号为 Trimble5700。

6. 项目实施

（1）航空摄影

机载激光数据采集主要分为三个阶段实施：飞行准备、LiDAR 数据采集、数据下载和预处理。

1）飞行准备。飞行准备阶段主要完成以下工作：地面基站点的数据收集和实地踏勘；机载 LiDAR 设备及附件安装调试，并测量相关偏心数据；与机组人员沟通飞行路线；与飞行调度协调，确认是否可以起飞。

2）LiDAR 数据采集。这一阶段主要完成以下工作：空中设备检查，保证设备正常工作；按照飞行设计要求进行检校场飞行；按照飞行设计要求进行数据采集区飞行；记录设备异常情况，并及时处理；记录是否有飞行漏洞，并视情况进行及时补飞或安排补飞。

3）数据下载和预处理。每架次飞行完毕后，及时下载采集的各项数据并进行预处理和检查。主要完成以下工作：每架次飞行完毕后及时下载数据；根据飞行质量要求，看是否存在漏片、云雾遮挡等情况，确定是否需要补摄或重飞；每架次飞行完毕后确认数据完整性，符合要求后，在飞机降落约 10 分钟后通知地面 GPS 基站关机。（11 月 22 日完成全部解算及分段工作，移交数据处理组开展后期制图工作。12 月 25 日，全部原始及成果数据整理完成并通过内部的质量验收。）

4）机载激光数据采集概况。飞行平台：运 −12，航速 240 km/h，本次飞行控制在 231.5 km/h 的航速；最高飞行航高：5230 m；最低飞行航高：2850 m；测区海拔：650 ～ 3750 m。整个测区的航线设计所覆盖的区域如图 6.26 所示，航线设计的成果如图 6.27 所示。

图 6.26　航线设计成果

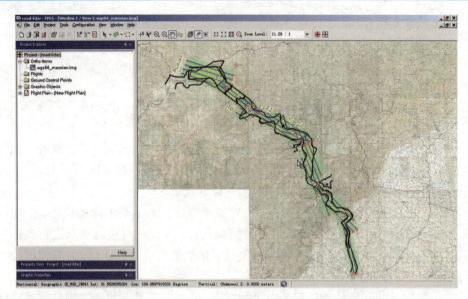

图 6.27　航线设计

本次航线设计以航高分区，同一航高为一个飞行区间。

区间 1：测设区域见图 6.28；测区海拔：1800 ～ 2800 m（航线 1、2、3、4）；航高：4400 m；平均点间隔：1.63 m；航线总长：34.8 km。

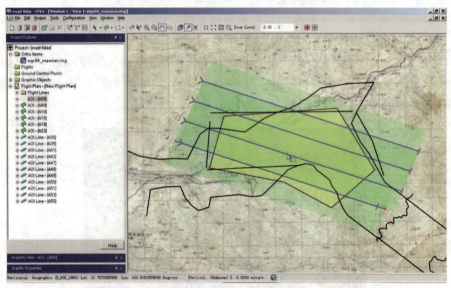

图 6.28　区间 1 测设区域

区间 2：测设区域见图 6.29；测区海拔：2800 ～ 3750 m（航线 5、6）；航高：5230 m；平均点间隔：1.64 m；航线总长：13.8 km。

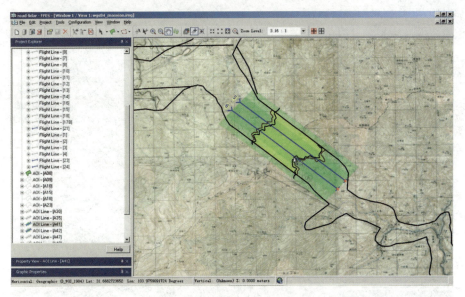

图 6.29　区间 2 测设区域

区间 3：测设区域见图 6.30；测区海拔：1800 ～ 2800 m（7、8、9、10 航线）；测区海拔：1500 ～ 2600 m（11、12、13、14 航线）；航高：4400 m；平均点间隔：1.38 ～ 1.66 m；航线总长：53.1 km。

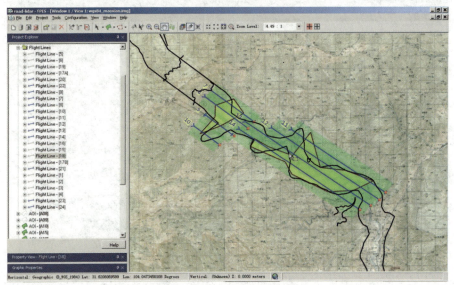

图 6.30　区间 3 测设区域

区间 4：测设区域见图 6.31；测区海拔：1000 ～ 1900 m（航线 15、16、17、18、19）；航高：3300 m；平均点间隔：1.56 m；航线总长：57.64 km；特别说明，

航线 19 如图 6.31 所示。

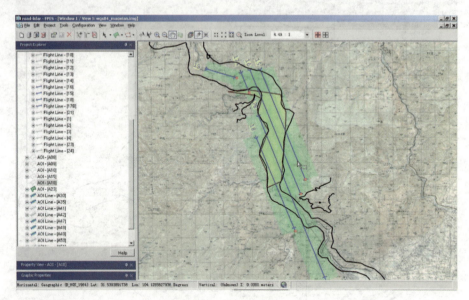

图 6.31　区间 4 测设区域

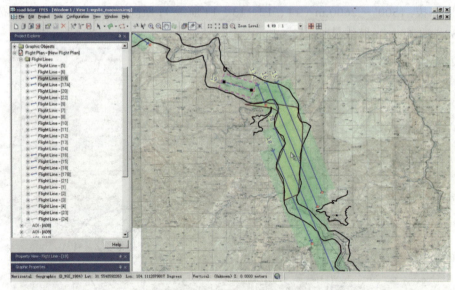

图 6.32　区间 4 测设区（航线 19）

　　图 6.32 上标出来的一条航线是为了弥补上一测区数据空洞而加飞的。原因是由于区间 3 的测距范围不够，造成无法采集到数据，区间 4 的飞行高度能满足这个测距范围，所以在不增加飞行高度的前提下增加一段航线。

　　航线 19 的参数为：测区海拔：1000 ～ 1900 m（这里高差肯定较小，实际高

差为 1100 ～ 1800m）；航高：3300 m；平均点间隔：1.23 m；航线长度：2.39 km。

区间 5（图 6.33）：测区海拔：650 ～ 1500 m；航高：2850 m；平均点间隔：1.50 m；航线总长：47.61 km。

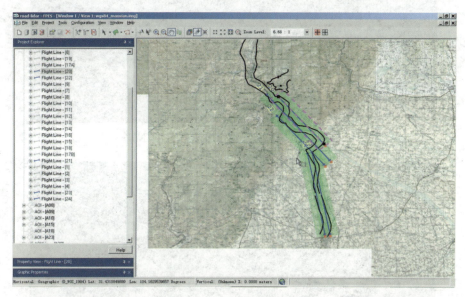

图 6.33　区间 5 测设区域

5）数据采集情况。机载 LiDAR 点云数据主要有两处漏洞，方位在汉旺镇以北，图 6.34 为采用高程配色显示的全线机载 LiDAR 点云数据图，图 6.35 中红色矩形框内为放大显示的数据漏洞区域。

黄色为地面点　　　白色为非地面点

图 6.34　点云数据覆盖　　　　　图 6.35　数据漏洞区域

图 6.36 至图 6.40 为数据空洞区域的剖面显示图，从图上可以看出，空洞区域为峡谷，且空洞断面两边的高差依地形呈不同分布形态。

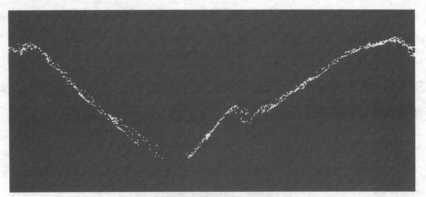

图 6.36 数据空洞 1（断面截图 1）

图 6.37 数据空洞 1（断面截图 2）

图 6.38 数据空洞 1（断面截图 3）

图 6.39 数据空洞 2（断面截图 1）

图 6.40　数据空洞 2（断面截图 2）

6）数据空洞区域航线设计说明。测区海拔（空洞 1 所在区域，面积 9864 m²）：1800 ～ 2800 m（7、8、9、10 航线）；测区海拔（空洞 2 所在区域，面积 7734 m²）：1500 ～ 2600 m（11、12、13、14 航线）；航高：4400 m；平均点间隔：1.38 ～ 1.66 m；航线总长：53.1 km；如图 6.41 所示。

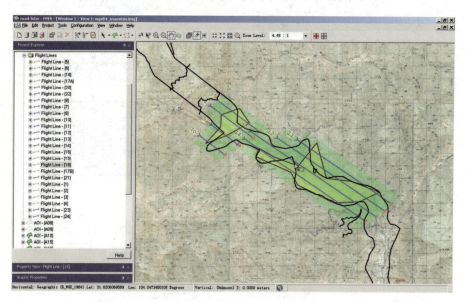

图 6.41　空洞区域航线设计

（2）LiDAR 点云数据处理

LiDAR 数据处理主要可以分为几何地理定位、数据检校、滤波分类等部分。几何地理定位处理主要是通过差分 GPS 数据处理、IMU 和 GPS 组合姿态确定、坐标变换等处理过程，结合 LiDAR 的测距数据实现激光点云的三维坐标精确解算。LiDAR 数据处理流程如图 6.42 所示。

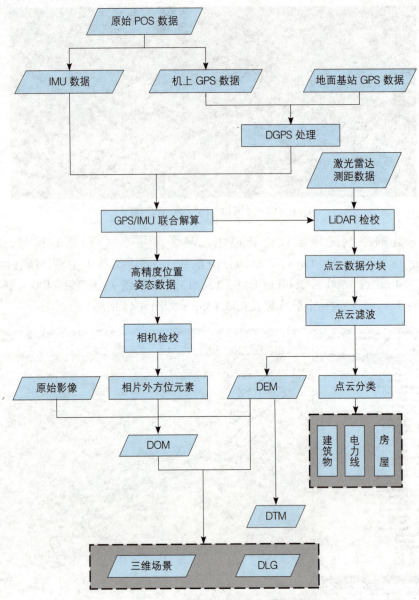

图 6.42　LiDAR 数据处理流程

　　1）激光点云数据几何地理定位流程。原始激光点云数据仅仅包含每个激光点的发射角、测量距离、反射率等信息，原始数码影像也只是普通的数码影像，没有坐标、姿态等空间信息。只有经过几何地理定位后，才完成激光"大地定向"，即成为具有空间坐标（定位）和姿态（定向）等信息的点云数据。激光点云几何地理定位主要由数据分离模块、差分 GPS 解算模块和 GPS/IMU 联合平差处理和测距数据解算四部分构成，流程如图 6.43 所示。

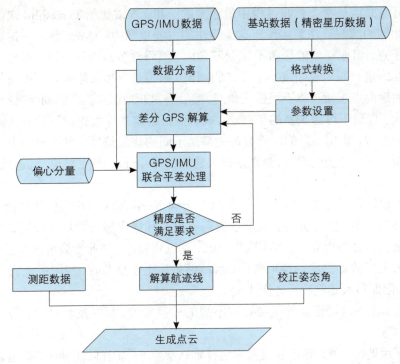

图 6.43　激光点云几何定位处理流程

解算完毕后，需要检查一下几个方面的内容以保证精度：参与平差的数据精度（侧滚角、俯仰角、旋偏角、经纬度、速度等的精度），计算结果精度（偏心分量误差、平面高程精度误差）。解算精度一般要求控制在 10 cm 以内。

2）激光点云滤波分类处理流程。该项目结合影像数据、纹理信息等辅助信息，提高滤波精度和速度，流程如图 6.44 所示。

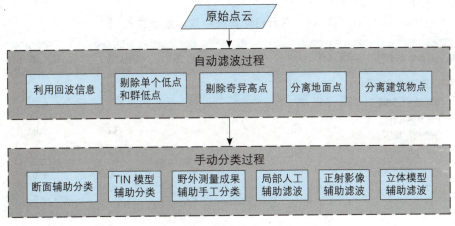

图 6.44　点云滤波分类流程

分离地面点是整个滤波过程中最重要的一步，本书使用 Terrasolid 软件中不规则三角网的滤波算法来实现。这类算法的主要步骤为：首先，获取一定数量的地面种子点，组成初始的稀疏不规则三角网，然后对各点进行判断，即如果该点到三角面的垂直距离及角度小于设定的阈值，则将该点加入地面点。接着使用所有确定的地面点重新计算不规则三角网，然后再对非地面点集合内的点进行判别。如此迭代，直到不再增加新的地面点，或者满足给定条件为止。这种方法的关键是阈值的选取，使用不同的阈值会产生截然不同的滤波结果。其中有四个重要参数来控制地面点分类的精度，分别是最大建筑物尺寸、最大地形坡度角、迭代距离、迭代角。

最大建筑物尺寸的判别条件根据两点来确定：若测区内有大量建筑物，需量测最大建筑物的尺寸，此时，这个参数需根据实际最大建筑物尺寸设定，否则可能将建筑物错分为地面点，若测区为山区，建筑物较小，则此参数可适当变小，同时另一方面要兼顾测区的地形条件；当地形条件比较复杂时，应限制点云分块的大小，即限制最大建筑物尺寸大小。

另外，在不同地形条件下要设置不同的分类参数，经过反复试验，得到最优的分类结果。

在平缓地区，最大地形坡度通常选择默认参数 88°；在陡峭地区，适当调高地形坡度角，通常为 89° 或 90°。

在平缓地区选择较小的迭代角，在陡峭地区，适当增大迭代角。

在荒芜的郊区选择较小的迭代距离。在城区，迭代距离适当增大，根据实际情况还需作出进一步判断。

迭代角与迭代距离通常耦合到一起，需根据实际地形条件作出正确的判断。根据地形和地物复杂度，可总结为地形复杂度越高，迭代角越大；地物复杂度越高，迭代距离越小。各项参数的选择可参考表 6.9。

表 6.9 点云自动滤波参数设置参数表

地形条件	最大建筑物面积 / m²	最大地形角 / °	迭代角 / °	迭代距离 / m
城区建筑物密集区	220	88	4	0.5
城区植被密集区	220	88	8	0.6
山区地形较陡、植被密集区	60	89	12	0.8
池塘较多区	60	60	8	1.0
农田田埂较多区	100	88	1	1.0
山区地形较陡、植被较少区	60	89	12	2.5

针对此项目公路勘察设计的需要，将点云分类成果大致分为初步分类成果和

精细分类成果两类：

初步分类成果指成功完成预处理并经过成果精度的初步检验，所有噪声点完全剔除，初步自动分类地面点无重大错误，接边完好。初步成果用于项目方案研究阶段应急图的制作，快速正射影像制作以及地形图调绘等。

精细分类成果是在初步分类成果的基础上完全编辑出精细化点云模型。由地面点构建的模型规则合理，沟坎处等地物特征形状完整合理，可真实表达测区地理信息，用于此项目初测矢量绘图，以及断面提取、土石方计算等。

（3）DOM 制作流程

正射影像的制作基于地面模型，因此在激光点进行分类后进行 DOM 制作。制作流程为：激光点自动分类→检查修改地面模型→激光点精确分类→导出地面点→调入数码影像和相机文件→添加相片间连接点→影像色彩拼接线调整，生成正射影像→正射影像检查修改→提交正射影像成果。

（4）地面激光扫描数据处理

由于此项目实施区域高差很大，限于飞机航高和激光设备测距的限制，部分区域机载激光数据在从地面向上 50 m 的距离上没有采集到数据，因此在此区域采用地面激光进行补充。项目中采用地面三维激光扫描进行隧道进出口和滑坡地形数据的大比例尺地形图的绘制。项目采用加拿大 ILRIS-3D 地面激光扫描仪，使用的光源是一级激光，为安全激光，对人体没有伤害。

1）数据剔除。野外扫描得到了大量的点云，这些点云有的是需要的，如地表的点云，利用它们可以测量地表的坐标。但有些却是测量地形图所不需要的，如植被的点云。PolyWorks 软件包通过两种方式剔除后者的影响：一是通过移动、旋转、选取和删除等编辑功能，实现对某些点云的剔除；二是通过对具有不同高度植被的地表分块处理并扣除植被的高度，从而得到地表的坐标。

2）数据拼接。地面激光雷达的信息采集存在前景遮挡后景的现象。因此，要获取某对象的三维模型，往往需要环绕该对象设置多个站，获取不同视角下的点云数据。为获得研究对象的整体三维模型，不同视角获取的点云数据必须借助于重叠信息融为一体，即将不同摄站的点云数据归并到某一个摄站坐标体系中，这个过程即是所谓的模型拼接过程。在合并过程中，相邻重叠区域的取值有两种基本方式：取其中一个摄站的数据作为最后数据或是依据两个摄站的重叠区域数据重新采样。

3）坐标转换。进行坐标转换的主要目的是将扫描点云数据的相对坐标系统转换为与现场相一致的大地坐标值。具体实现方法是利用扫描物体的已知大地坐标的标记点（控制点），将整个点云数据图像点云坐标转换成大地坐标。通过 PolyWorks 软件包选取点云中测量标志点所处的位置（一般标志点所处的位置扫描点间距小，点云密度大），在点云图上通过移动、旋转和放大，选定并标定出测量标志点的位置，输入各个测量标志的坐标，通过软件包即可计算出点云与工程坐标系匹配和转换的精度。转换精度主要取决于采用的全站仪或 GPS 测量的精度、标志点的精细程度。因此测量标志点应以较高的精度进行联测，测量标志宜小且清晰。

4）数据分类。将点云数据，按地面点和非地面点进行分类。

5）地面激光数据与机载激光数据对比分析。如图 6.45 为地面激光扫描数据的高程配色显示截图，图 6.46 为机载激光雷达数据与地面扫描数据叠加效果图，通过查看其两组数据的横断面，可以看出两组数据基本吻合，无较大偏差（见图 6.47、图 6.48、图 6.49)。

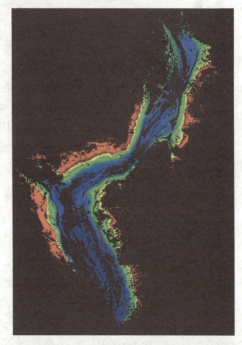

图 6.45　地面激光数据高程配色显示

红色点为地面扫描激光点

白色点为机载激光雷达点云

图 6.46　雷达数据与地面扫描数据叠加效果

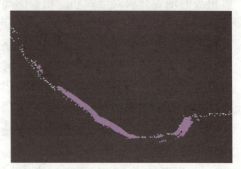

图 6.47　对比横断面 1

图 6.48　对比横断面 2

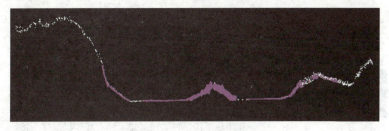

图 6.49　对比横断面 3

　　为了定量评价四川绵茂测区地面激光扫描数据与机载 LiDAR 扫描数据的吻合程度，将地面激光扫描数据抽取均匀分布的 3673 个激光点作为检查点（图 6.50），对同一测区的机载 LiDAR 数据滤波后的地面点数据构建 DEM 数字地面模型（图 6.51），以检查点的平面坐标内插出其在数字地面模型上对应点的高程值，该高程值与检查点的高程值之差即说明两套数据之间的差异。

图 6.50　抽取的地面激光点

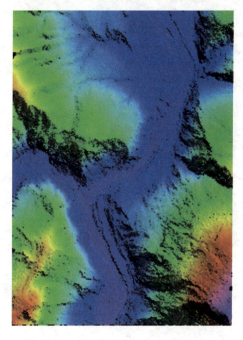

图 6.51　机载激光数据构建的 DEM

6.3.2　项目应用效果

图 6.52 所示为高差值统计百分比柱状图，对两组数据的高差进行统计分析，横坐标为高差值，纵坐标为高差值在指定范围内的检查点个数占检查点总数的百分比，如高差值在 0 ~ 1.0 之间的检查点个数百分比为 38.5%，高差值大于 20 的检查点个数百分比为 0.2%。

图 6.52　高差值百分比柱状分布图

该项目证明机载和地面三维激光扫描技术在公路勘察设计中能体现出高效、高精度的优点。通过机载和地面三维激光雷达技术的集成应用，真实地反映出地面的三维数字模型，对于地形复杂地区的地形测绘和道路设计中的断面测量和中桩放样等可发挥极其重要的作用。

第7章　道路智能化三维设计

§7.1　三维场景关键技术

基于海量数据创建三维场景的关键技术包括：地理场景建模技术、细节层次（level of detail，LOD）技术、影像金字塔技术、三维可视化消隐技术、基于图像的实时绘制技术以及并行计算等。

1. 地理场景建模技术

由 DEM 和 DOM 进行地形建模，一般采用 DEM 分块构建三角网地表模型，然后采用 DOM 进行纹理贴图。

2. 细节层次技术

细节层次技术指对同一个场景或场景中的不同部分使用具有不同细节的描述方法得到一组模型，供绘制时选择使用。LOD 是一种场景简化技术，它能有效控制场景复杂度并加速图形绘制，在复杂 3D 场景的快速绘制、飞行模拟器、3D 动画、交互式可视化和虚拟现实等领域得到了广泛应用。事实上，将同一个物体放到远近不同的位置，人的眼睛所能观察到的详细程度是不一样的。LOD 技术正是根据这一视觉特点，为该物体建造一组相应的几何模型。计算机在生成视景时，根据该物体所在位置与视点距离的远近，分别调入详细程度不同的模型参与视景的生成。具体而言，距离视点较近的部分采用较精细的模型，距离视点较远的部分则采用较粗糙的模型。一方面，视景的逼真程度未受影响；另一方面，图形处理的复杂度大幅度减小可节约运算时间和存储空间，从而提高计算效率。

一般而言，有两大类 LOD 模型构造方法：静态方法与动态方法。静态方法事先为场景建立一组模型，但由于模型的数量有限，容易引起画面的抖动，不能满足真实性的需求；动态方法在显示场景前实时生成粗细程度合适的模型，是当前研究的重点。

图 7.1 展示了在不同距离下的地形建模结果，（a）是在近距离时构建的完整的三角网场景模型，（b）是在中距离下按 5:1 的比例对关键点进行抽稀后构建的简化场景模型，（c）是在远距离时按 20:1 的比例对关键点进行抽稀后构建的简化场景模型。

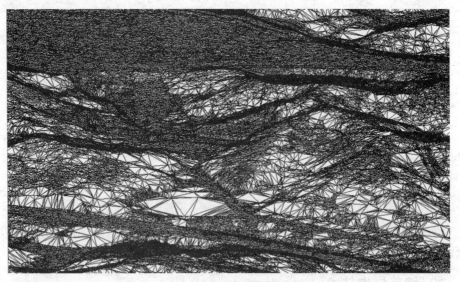

（a）高精细度地表模型

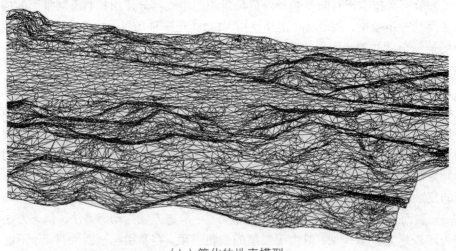

（b）简化的地表模型

（c）进一步简化的地表模型

图7.1　用三角网表示的不同细节层次场景模型

3. 影像金字塔技术

实时显示的场景模型是由 DEM 和 DOM 构建的,因此需要快速地从大范围、海量的数据中读取所需的 DEM 和 DOM。DEM 和 DOM 的数据量大小决定了计算机读取数据与模型计算的效率,因此根据场景的视点高度选取所需的 DEM 和 DOM 精细度,每次只获取所需分辨率的 DEM 和 DOM,如图 7.2 所示,可大大提高计算效率。

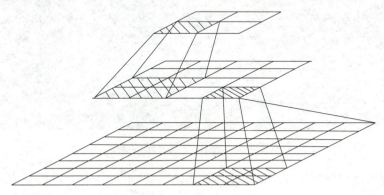

图 7.2　影像金字塔图解

4. 三维可视化消隐技术

在交互方式下绘制复杂场景的关键是有效地确定三维场景的可见部分。如果场景中的局部在视域之外或在当前视角下被遮挡,如图 7.3 中被山体遮挡的部分,则不需要绘制,图 7.4 为不绘制遮挡区的三维效果。

图 7.3　消隐区示意

图 7.4   三维绘制显示效果

　　根据视点和视角计算出视锥体和被遮挡区域，在绘图时不对视椎体之外区域和遮挡区域构建三角网和绘制图像，这将大大减小场景绘制时的计算量。

5. 基于图像的实时绘制技术

　　当以三角网加纹理贴图的形式进行三维显示时，场景模型越精细，要处理的顶点数目越多，绘制速度就越慢。LOD 虽然可以对显示的模型进行简化，但并不能从根本上解决绘制真实感与绘制速度的矛盾。可以通过引入图像替换的观念来提高三维场景绘制的速度，即采用图形与图像相融合的方式进行绘制。

　　基于图像的绘制技术（image based rendering，IBR）的特点在于绘制工作完全基于图像大小，而与图像中场景细节复杂程度没有任何关系。因此，IBR 可以有效解决复杂场景真实感绘制的问题，目前在很多系统中得到广泛应用。在图形绘制中融合图像绘制主要包含如下几个方面的技术：

　　1）表面纹理映射技术，通过它实现物体表面细节。

　　2）布告板与动态替代物技术，通过替代物实现复杂物体模型绘制。

　　3）层次图像缓冲技术，通过它再现复杂地形场景。

6. 并行计算

　　创建海量数据的三维场景时需要建立分层分块的三角网模型，计算量巨大，采用并行计算技术，即使用多台计算机的多个中央处理器同时参与数据计算，可大大提高三维场景的创建速度。

§7.2　道路三维设计技术

　　道路线形主要是指道路中心线的空间线形。为研究方便和直观起见,对该空间线形进行三视图投影。路线在水平面上的投影称作路线的平面。沿中线竖直剖切并展开构成纵断面线形。中线上任一点的法向切面构成横断面线形。公路线形的设计实际上是确定平面、纵断面及横断面线形的尺寸和形状,也就是通常所指的平面设计、纵断面设计和横断面设计。三者之间既相互联系又相互制约,因此在路线设计时,既分别进行,又综合考虑。

　　道路线形是道路的骨架,它不仅对行车安全、舒适、经济和道路的通行能力有着决定性的影响,而且对沿线的开发、土地利用也有重大的影响。从这种意义上讲,道路的线形决定着道路建成后能否实现预定功能及经济效益。线形设计的质量,往往是道路总体设计及其作用的主要评价指标。

　　线形设计以路线的各项几何技术指标满足相应道路等级的技术标准要求为前提,研究如何将道路平面、纵断面、横断面进行合理的组合,形成三维空间的立体线形,并考虑汽车动力性能与行驶力学的要求,以及驾驶人员的视觉和心理舒适需求,在保证汽车行驶的安全性、舒适性和经济性的同时,还要考虑线形对地形、地物、景观、视觉等具有适应性、协调性以及在技术、工程上的经济合理性,以便在条件许可时,选用较高的技术标准,从而提高道路的使用质量。

7.2.1　道路平面线设计

　　道路平面线设计的目的是为汽车的平顺行驶提供路面曲度保障。汽车轨迹具有以下特征:轨迹是连续而圆滑的,曲率是变化的,曲率的变化是连续的。所以道路平面线形由直线、圆曲线和缓和线三种要素组成。直线和圆曲线的设计比较简单,缓和曲线比较复杂,故一般采用回旋线作为缓和曲线线形。

1. 回旋线

　　从缓和曲线的数学定义可知,任意一点的曲率半径 ρ 与该点至曲线起点的曲线长 s 之积为常数,即

$$\rho s = C \tag{7.1}$$

式中: C 为回旋线常数。

　　令 $C = A^2$,则

$$\rho = \frac{A^2}{s} \tag{7.2}$$

(1) 回旋线切线角

回旋线切线角指回旋线上任一点的切线与该回旋线起点的切线所成的夹角。

如图 7.5 所示，设回旋线所在直角坐标系为 XOY，O 为原点，在回旋线上任意一点 P 处取一微分弧段 $\mathrm{d}s$，则

$$\mathrm{d}\beta_x = \frac{\mathrm{d}s}{\rho} \tag{7.3}$$

任一点的切线角 β_x：

$$\beta_x = \int \mathrm{d}\beta_x = \int \frac{\mathrm{d}s}{\rho} \tag{7.4}$$

将 $\rho = \dfrac{A^2}{s}$ 代入并积分得

$$\beta_x = \int \frac{s\,\mathrm{d}s}{A^2} = \frac{s^2}{2A^2} = \frac{s^2}{2Rl_\mathrm{h}} \tag{7.5}$$

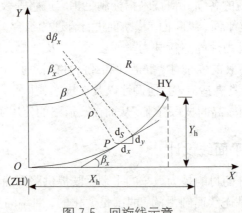

图 7.5　回旋线示意

（2）回旋线直角坐标系

在图 7.5 中，任意一点 P 处取一微分弧段 $\mathrm{d}s$，设对应中心角为 $\mathrm{d}\beta_x$，则：

$$\left.\begin{array}{l} \mathrm{d}x = \mathrm{d}s\cos\beta_x \\ \mathrm{d}y = \mathrm{d}s\sin\beta_x \end{array}\right\} \tag{7.6}$$

将 $\sin\beta_x$ 及 $\cos\beta_x$ 用函数幂级数展开，积分后略去高次项并化简得：

$$\left.\begin{array}{l} x = s - \dfrac{s^5}{40R^2l_\mathrm{h}^2} \\[2mm] y = \dfrac{s^3}{6Rl_\mathrm{h}} - \dfrac{s^7}{336R^3l_\mathrm{h}^3} \end{array}\right\} \tag{7.7}$$

2. 平面线计算

道路平面线形三要素的基本组成是：直线—回旋线—圆曲线—回旋线—直线（缓圆缓），如图 7.6 所示。

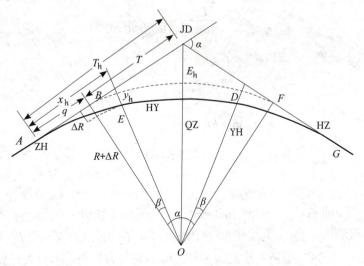

图 7.6　带缓和曲线的平面线

由回旋线部分公式可以推求出相应的平面线要素计算公式。

最大缓和曲线角：

$$\beta = \frac{l_s}{2R} = 28.6479 \frac{l_s}{R} \quad （度）$$

(7.8)

内移值：

$$\Delta R = Y - R(1 - \cos \beta) = \frac{l_s^2}{24R} - \frac{l_s^4}{2384R^3}$$

(7.9)

平曲线总长：

$$L_s = (\alpha - 2\beta) \cdot \frac{\pi}{180} \cdot R + 2l_s$$

(7.10)

外距：

$$E_s = (R + \Delta R) \sec \frac{\alpha}{2} - R$$

(7.11)

回旋线切线增值：

$$q = X - R \cos \beta = \frac{l_s}{2} - \frac{l_s^3}{240R^2}$$

(7.12)

切线总长：

$$T_h = (R + \Delta R) \tan \frac{\alpha}{2} + q$$

(7.13)

回旋线上任意一点坐标公式：

$$\left.\begin{aligned} x &= l - \frac{l^5}{40R^2 l_s^2} \\ y &= \frac{l^3}{6Rl_s} - \frac{l^7}{336R^3 l_s^3} \end{aligned}\right\}$$
(7.14)

圆曲线上任意一点的坐标公式：

$$\left.\begin{aligned} x_y &= q + R\sin j_M \\ y_y &= \Delta R + R(1 - \cos j_M) \\ \varphi_M &= \alpha_M + \beta_0 = 28.6479\left(\frac{2l_M + l_s}{R}\right) \end{aligned}\right\}$$
(7.15)

以上式中：T_h 为切线总长；L_s 为平面线总长；E_s 为外距；R 为圆曲线半径；α 为路线转角；β 为缓和曲线终点处的缓和曲线角；q 为缓和曲线切线增值；ΔR 为设缓和曲线后，圆曲线的内移值；l_s 为缓和曲线长度；l_M 为圆曲线上的任意一点 M 至缓和曲线终点的弧长；α_M 为 l_M 弧所对应的圆心角；j_M 为切线方位角；(x, y) 为缓和曲线终点处曲率圆心坐标。

3. 交点坐标计算

只有在平面线要素以及主线里程桩号计算完成以后，才能计算交点坐标。交点坐标必须从起点开始连续推算。

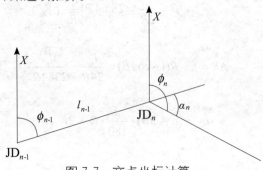

图 7.7　交点坐标计算

由图 7.7 可知，交点计算公式：

$$\left.\begin{aligned} X_n &= X_{n-1} + l_{n-1}\cos\phi_{n-1} \\ Y_n &= Y_{n-1} + l_{n-1}\sin\phi_{n-1} \end{aligned}\right\}$$
(7.16)

式中：X_n 为 JD_n 的 X 坐标；Y_n 为 JD_n 的 Y 坐标；l_{n-1} 为交点间距（JD_{n-1} 到 JD_n 间距）；ϕ_{n-1} 为 JD_{n-1} 处计算的方位角（$\phi_n = \phi_{n-1} + \xi\alpha_n$，$\xi$ 为公路转向系数，右偏为 1，左偏为 -1）。

7.2.2　纵断面设计

通过道路中线的竖向剖面称为路线纵断面图。由于地形、地物、地质、水文等自然因素的影响以及经济性要求，道路路线在纵断面上从起点至终点往往不是一条水平线，而是一条有起伏的空间线。纵断面设计的主要任务就是根据汽车的动力性能、道路等级和性质、当地的自然地理条件以及工程预算等，研究这条空间线形的纵坡大小及其长度。

纵断面上相邻两条纵坡线相交的转折处，为了行车平顺经常用一段曲线来缓和，称为竖曲线。竖曲线的形状，通常采用平曲线或二次抛物线两种。但在设计和计算上抛物线更为方便，故一般采用二次抛物线的形式。

1.竖曲线

在纵坡设计时，由于纵断面上只反映水平距离和竖直高度，因此竖曲线的切线长与弧长是其在水平面上的投影，切线支距是竖直的高程差，相邻两条纵坡线相交角用转坡角表示。当竖曲线变坡点在曲线上方时为凸形竖曲线，反之为凹形竖曲线。

二次抛物线作为竖曲线的基本线形是我国目前常用的一种形式。二次抛物线的基本方程为 $x^2 = 2Ry$。由图 7.8 可知，若原点设在 O 点，则二次抛物线的参数（即原点的曲率半径）$P = R$，则

$$x^2 = 2Ry \tag{7.17}$$

$$y = \frac{x^2}{2R} \tag{7.18}$$

式中：R 为二次抛物线的参数（原点的曲率半径）。

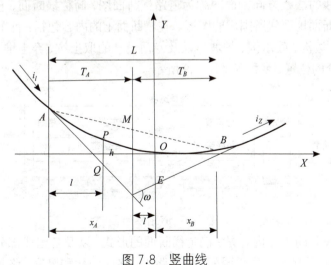

图 7.8　竖曲线

2. 竖曲线要素计算

切线上任意一点与竖曲线间的竖距 h（PQ）：

$$PQ = y_\gamma - y_q = \frac{1}{2R}(x_A - l)^2 - (y_A - l\cdot i_1) = \frac{1}{2R}(x_A^2 - 2x_A\cdot l + l^2) - \left(\frac{x_A^2}{2R} - l\frac{x_A}{R}\right) \tag{7.19}$$

所以，

$$h = PQ = \frac{l^2}{2R} \tag{7.20}$$

式中：h 为切线上任意点至竖曲线上的竖向距离；l 为竖曲线任一点 P 至切点 A 或 B 的水平距离。

曲线长 L：

$$AB = x_B - x_A = Ri_2 - Ri_1 = R(i_2 - i_1) \tag{7.21}$$

所以：

$$L = R(i_2 - i_1) = R\omega \tag{7.22}$$

切线长 T：

$$T = T_B = T_A = \frac{L}{2} = \frac{1}{2}R\omega \tag{7.23}$$

外距 E：

$$E = \frac{T_A^2}{2R} = \frac{T_B^2}{2R} = \frac{T^2}{2R} \tag{7.24}$$

7.2.3 道路横断面设计

道路中线的法线方向剖面图称为道路横断面图，简称横断面，它是由横断面设计线与横断面地面线所围成的图形。在横断面上的内容包括：行车道、中间带、路肩、边坡、边沟、截水沟、护坡道以及专门设计的取土坑、弃土堆、环境保护设施等，各部分的位置、名称等如图 7.9 所示。

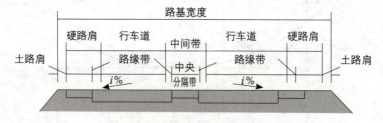

图 7.9　道路横断面

横断面设计的主要内容是：确定横断面的形式，以及各组成部分的位置和尺寸以及路基土石方的计算和调配，确定路拱、路面结构和厚度、路基的强度和稳定性以及超高、加宽、平面视距等。

为了利于土石方调配与编制工程概预算，在横断面设计的基础上，可根据各路段各类土石数量计算填挖方的数量，具体计算方法见本书第 4 章第 3 节的有关内容。合理的土石方调配可以避免不必要的路外借土和弃土，减少耕地占用和降低公路造价。

总的来说，道路横断面的设计是道路在三维空间上的扩展，必须结合地形、地质、水文等条件，选用合理的横断面形式。

7.2.4　道路线形设计

道路路线设计数据包括平面线位数据、纵断面数据、横断面数据和其他构造物设计数据，如图 7.11 所示。其中平面数据确定道路的确切走向，纵断面数据确定道路中心的高低起伏，横断面数据规定道路的各个组成部分的宽度和相对中心点的设计标高，构造物数据通常只记录里程范围和模板类型。

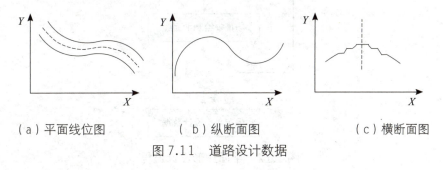

（a）平面线位图　　　　（b）纵断面图　　　　（c）横断面图

图 7.11　道路设计数据

1. 平面线形设计

道路平面是道路在地平面上的投影，道路的平面设计就是确定道路的走向和平面组成要素，以及各要素的参数信息，最后定出道路逐桩坐标。在平面设计中首先要根据地形等高线确定起点、终点和中间的路面控制点。这些点确定了将要设计出来的道路的大致走向和弧度。

在道路设计中如何在等高线上选定控制点，需要考虑很多因素，如：

1）平面线形应连续、与地形、地物相适应，与周围环境相协调。

2）要保持平面线形的均衡与连贯。

3）避免产生连续急弯的线形。

4）要满足公路设计规范对各级道路平面线形的设计要求。

平面线形设计方法通常有基于导线的设计、基于曲线的设计和基于基本元素的设计等方法。其中，导线设计方法是我国传统的设计方法，该方法首先定义出一系列折线组成的道路中心线导线，以导线控制道路的走向，然后在路线的转弯处，为适应地形和行车的要求采用不同的曲线或曲线组合来完成导线折线处的合理过渡，从而形成整个路线的平面线形设计。

图 7.12 为平面线形设计流程。道路基本信息主要包括：道路名称、道路类型、设计时速、起始千米桩号等信息。绘制完导线以后，需要反复设计修改拟定各线形要素之间的位置关系和参数值，确定最为合适的拟合曲线，直到满足规范和控制位置的要求，并认为是理想线位为止。

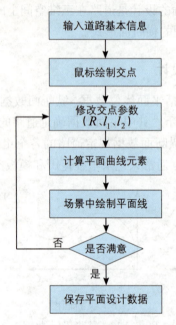

图 7.12 平面线形设计流程

平面线形主要是由不同曲线段组合而成的，主要包括直线、圆曲线、缓和曲线。为了保存平面线，对曲线段设计出以下数据结构：

```
Class LineDefine
    Public type As LineDefineType '线段线型
    Public fix As Double          '起点方向
    Public length As Double        '长度
    Public Station As Double       '起点千米桩号
    Public StartX As Double        '起点坐标 X
    Public StartY As Double        '起点坐标 Y
    Public EndX As Double          '终点坐标 X
    Public EndY As Double          '终点坐标 Y
    Public EndRadius As Double     '终点半径
    Public EndFix As Double        '终点方向
    ......
End Class
```

利用折线段进行拟合来绘制平曲线，计算平曲线上每 10 m 间隔的千米桩的坐标，并将所有点连接起来。图 7.13 为平面线形设计图。

图 7.13 平面线形设计

图 7.14 中的背景是利用机载 LiDAR 数据制作的三维场景，控制点为图中的白色折线（导线）交点，形成起点到终点的折线段，它们控制道路的走向，而另一条曲线就是按照直线—缓和曲线—圆曲线—缓和曲线—直线的设计方法而设计的道路平面线形，图中直线用白色标识、缓和曲线用兰色标识、圆曲线用绿色标识，这样可视化的技术能让人很直观地看到所设计的公路走向，可以及早发现设计中可能存在的不合理和错误设计之处，为设计线形良好的道路设计提供了一种可视化的辅助手段。

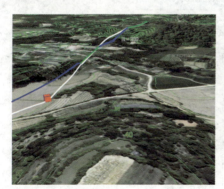

图 7.14 平面线形编辑

2. 纵断面设计

沿着道路中线竖直剖切然后展开即为路线纵断面，它总是一条有起伏的空间线。在纵断面图上有两条主要的线：一条是地面线，它是根据中线上各桩点的高程而绘制的一条不规则线，反映了沿着中线地面的起伏变化情况；另一条是设计线，由直线和竖曲线组成，直线即均匀坡度线，有上坡和下坡之分，在直线的坡度转折处为平顺过渡的一段缓和曲线，这段曲线就是竖曲线，按坡度转折的形式不同，竖曲线有凹有凸。图 7.15 为纵断面设计流程。

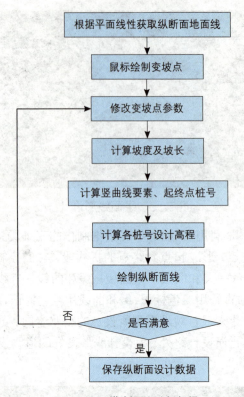

图 7.15　纵断面设计流程

为纵断面各个变坡点设计了变坡点类，类的主要参数如下：

```
Class VDefinePoint
    Public id As Double              '变坡点编号
    Public type As StructType        '变坡点类型
    Public name As String            '变坡点名称
    Public station As Integer        '变坡点千米桩号
    Public height As Double          '变坡点高程
    Public length As Double          '坡长
    Public radius As Double          '竖曲线半径
    Public point1 As New PointF '竖曲线起点坐标（千米桩号，设计高程）
    Public point2 As New PointF '竖曲线终点坐标（千米桩号，设计高程）
    Public pointR As New PointF '变坡点坐标（千米桩号，设计高程）
    ......
End Class
```

纵断面线绘制和平面线绘制使用了同样的方式，即利用折线段拟合竖曲线。纵断面设计时需要参考地面线，所以要将地面线绘制出来。首先要根据道路中心线的平面位置插值计算各桩点处的高程值，并按 10 m 距离进行插值，将所有桩点依次连接构成地面线。由于道路设计中精度要求很高，所以需要获取最高精度的地面高程，也就是地面金字塔模型中的最底层数据。如图 7.16 为纵断面设计界面。

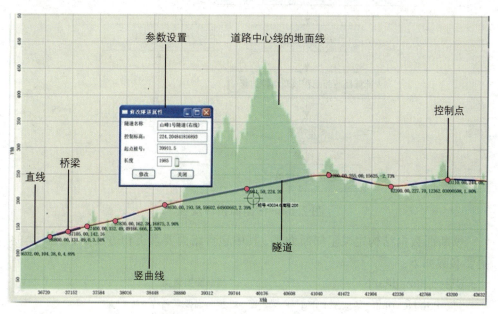

图 7.16　纵断面设计界面

这种可视化的设计方式让道路设计者可以快速地发现纵坡设计线的不足，根据规范调整控制点，使道路纵断面达到坡度和填挖方均衡的要求。

3. 横断面设计

道路的横断面指道路中心线上各点的法向切线所组成的面，由横断面设计线和地面线所构成。横断面是道路的横向扩展，是根据行车带宽度和行车速度设计的路面及其组成部分，比如路肩、边沟、绿化带等。道路的横断面设计是道路在横向方向的扩展，道路路面并不是一个平面，而是中间稍高的双向坡面，设计时应根据规范的要求选用合适的路拱坡度。

为了提高计算机辅助设计效率，在横断面设计中，首先设计标准横断面，然后在道路中心线的基础上，利用标准横断面进行道路建模。建模完成以后，设计者再通过工程量、土石方量等统计分析数据的结果，以及地形、地质等条件，并依据道路设计规范要求对横断面进行修改，最终完成横断面的设计。图 7.17 为横断面设计流程。

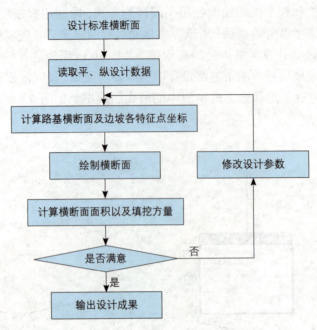

图 7.17　横断面设计流程

横断面数据结构定义了横断面类，其中包含路面要素类和边坡要素类。类的主要参数如下：

```
Class HRoadPart                        '横断面要素类
    Public name As String = ""         '横断面要素名称
    Public type As String = ""         '横断面要素类型
    Public maxlength As Double = 0     '最大长度
    Public img As String = ""          '纹理名称
    Public point2DA As PointF          '要素设计线坐标（左端点）
    Public point2DB As PointF          '要素设计线坐标（右端点）
    Public point3DA As Point3D         '三维大地坐标（左端点）
    Public point3DB As Point3D         '三维大地坐标（右端点）
End Class
    Class SlopePart                    '边坡要素类
    Public fix As Double               '坡度
    Public img As String               '纹理
    Public sectionType As Byte         '类型
    Public width As Byte               '平坡宽度
    Public height As Byte              '斜坡高度
End Class
```

进行可视化横断面设计，将横断面各要素抽象为线段，将表示横断面各要素的线段首尾相连就构成了道路的一个横断面线。如图 7.18 为横断面设计界面。

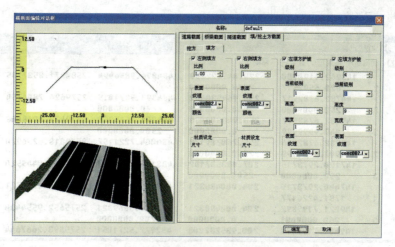

图 7.18　横断面设计界面

横断面设计窗口中包含路基、桥梁、隧道、边坡等横断面模型的设计，设计中利用直线段对横断面各个要素进行拟合，并可以设置纹理、显示模式等参数信息。由于横断面车道要素在不同道路等级中变化明显，该窗口还提供了行车道要素的详细设计方法。在设计过程中利用三维浏览窗口可以直观地看到横断面设计的结果。

§7.3　数据接口设计

道路设计数据中包含平、纵、横数据，现在常用的道路设计软件如 CARD/1、纬地等都有一套标准的设计数据文件格式，需在研究这些标准的数据格式基础上，自主设计道路数据结构。

7.3.1　平面线位数据

如图 7.19 所示为通用的道路平面线位数据文件 (GEO 格式)，图 7.20 为依据平面线位数据文件生成的 CAD 图纸截图。道路平面线位数据主要包括道路中心轴线、道路平面线位变化点信息、桩号等，此数据的坐标基准与平台的底层数据坐标基准相一致。

图 7.19 中，HP 表示该行是当前单元起点的位置信息，包括桩号、切线方位

角（400 度为 1 圆周，十进制）、东西坐标、南北坐标；EL 表示该行是当前单元起点的曲线参数，包括类型（1——直线，2——圆，3——缓和曲线）、单元长度、单元起点曲率半径、单元终点曲率半径。

平面904.GEO - 记事本

文件(F) 编辑(E) 格式(O) 查看(V) 帮助(H)

HP		143962.1190000	228.845722259	484896.9856894	2580271.3537135
EL	2	820.5592517	2000.0000000		
HP		144782.6782517	254.964934462	484398.5371015	2579626.7806754
EL	3	250.0000000	2000.0000000	0.0000000	
HP		145032.6782517	258.943808038	484201.9565253	2579472.3968068
EL	3	249.9999999	0.0000000	-2500.0000000	
HP		145282.6782516	255.760709178	484004.7221157	2579318.8236970
EL	2	1907.6191199	-2500.0000000		
HP		147190.2973715	207.183587182	483121.4103407	2577680.0445520
EL	3	250.0000000	-2500.0000000	0.0000000	
HP		147440.2973715	204.000488321	483101.5570212	2577430.8619721
EL	1	1781.4226177			
HP		149221.7199892	204.000488321	482989.6869321	2575652.9554430
EL	3	260.0000001	0.0000000	-2700.0000000	
HP		149481.7199893	200.935282008	482977.5271051	2575393.2667644

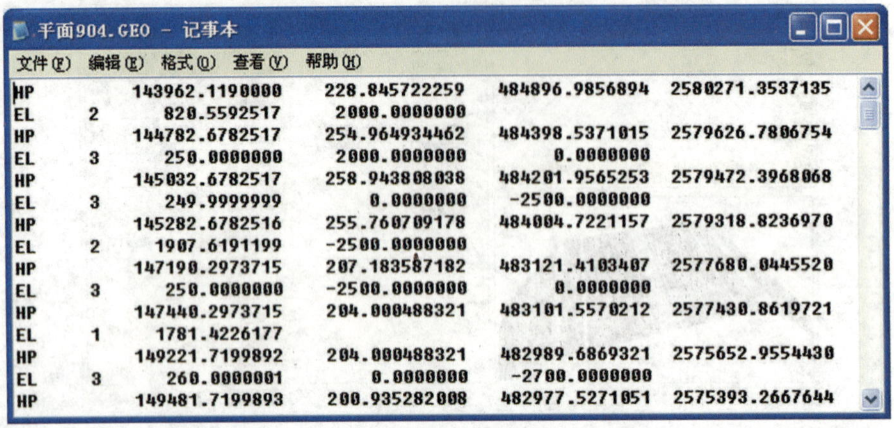

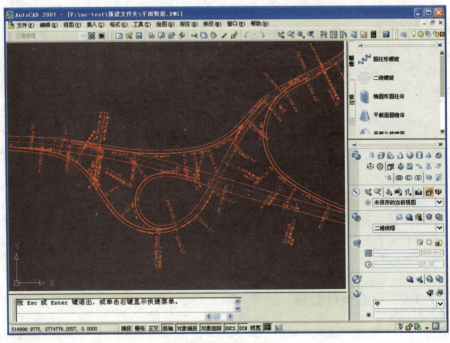

图 7.19　道路平面线位数据

图 7.20　道路平面线位数据生成的图纸

系统针对道路平面线位数据设计了平面线位路线段类，类的各个变量如表 7.1 所示，图 7.21 为平面设计数据在系统中的表示，图中绿色的曲线即为道路的中心线。

表 7.1　平面线位路线段类变量

变量	类型	含义	备注
type	LineDefineType	线型	0，表示直线； 1，表示圆曲线； 2，表示缓和曲线
fix	Double	起点方向	
Length	Double	路线段长度	
Station	Double	起点桩号	
Start X	Double	起点坐标 X	
Start Y	Double	起点坐标 Y	
End X	Double	终点坐标 X	
End Y	Double	终点坐标 Y	
Radius	Double	半径	
EndRadius	Double	终点半径	
Endfix	Double	终点方向	

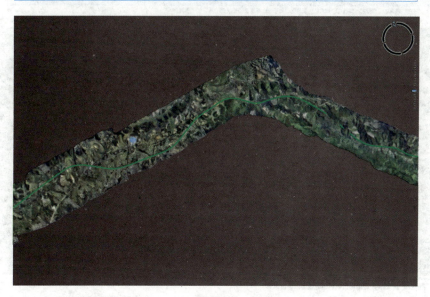

图 7.21　设计数据在系统中展示

7.3.2　纵断面设计数据

图 7.22 所示的是 CARD/1 道路设计软件生成的纵断面设计线文件 (CRD 格式)。其中：每一行数据依次表明：标识、变坡点桩号、变坡点高程值、变坡点半径、备注等。

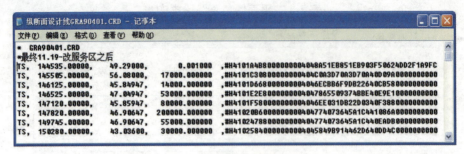

图 7.22　纵断面设计线文件

图 7.23 为依据纵断面设计线数据和纵断面地面线数据生成的 CAD 图纸截图。通过纵断面设计线数据可获取道路设计的纵断面与地形的起伏关系。在纵断面设计数据中记录桩号、纵断面变化点信息、以及当前桩号处的填挖高度变化情况等。

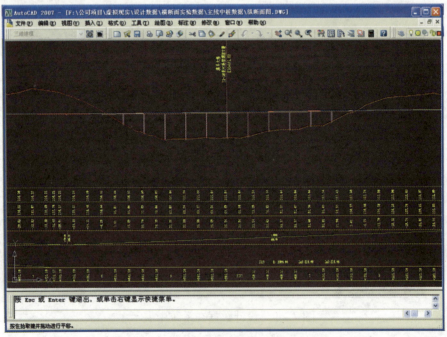

图 7.23　道路纵断面数据 CAD 截图

此外，为了说明道路沿线的构造物设计信息，配合纵断面设计线文件的还有构造物说明文件 (DAT) 格式，以此来说明构造物所在位置、长度、角度 (如果是桥梁还需说明孔径长度)、材质等，如图 7.24 所示。

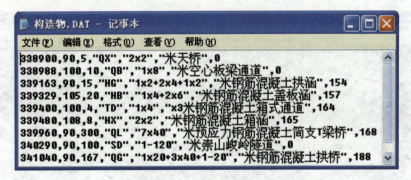

图 7.24 桥梁、隧道的构造物说明文件

图 7.24 中，每一行依次表明中心桩号、角度（路线前进方向顺时针旋转到桥梁墩台或隧道口中心线的夹角）、扣除长度（计算土方时，桥梁隧道路段不参与统计，要扣除该路段的长度，单位为米）、类型、孔数孔径、文字说明、设计水位或涵底标高或桥梁布孔形式等。

研究了纵断面设计数据，在系统中设计了道路纵断面边坡点数据类，类的变量如表 7.2 所示。

表 7.2 纵断面边坡点数据类变量

变量名	类型	含义	备注
Id	Double	变坡点编号	
Type	StructType	边坡点类型	0，表示道路； 1，表示桥梁； 2，表示隧道
Name	String	名称	
Station	Integer	桩号	
Height	Double	高度	
Length	Double	长度	
Radius	Double	半径	

7.3.3 路基路面横断面设计数据

路基路面横断面图主要用于道路横断面设计，在数据中可以读取各断面所在的中桩号、倾斜度、边沟、车道长度等描述该条道路不同横断面位置上的相关几何结构数据。在计算道路模型时，再将各横断面同等属性的点进行连接，构成一个完整的道路模型。图 7.25 所示为一个横断面。

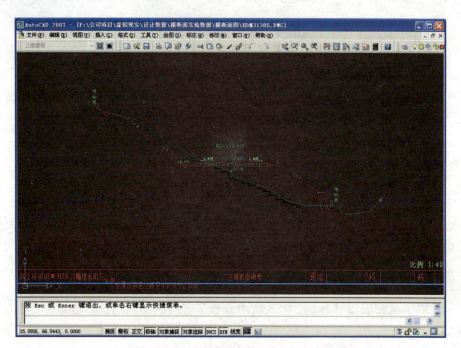

图 7.25 路基路面标准横断面

常用的 CARD/1、纬地等道路设计软件的横断面存储结构如图 7.26 所示，每个桩号处对应一条横断面设计线，每一条横断面设计线上包含多个道路要素变化点，并用编号的方式区分各个变化点代表的道路要素。借鉴这种存储结构，并演变成自己的数据结构，从而能够与多种道路设计软件进行更加灵活的数据交换。

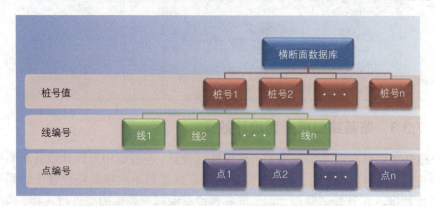

图 7.26　专业道路设计软件的横断面存储结构

针对道路横断面设计数据设计了横断面类、边坡类两大类，横断面类的各个变量如表 7.3 所示。

表 7.3 横断面类变量

变量名	类型	含义	备注
Type	StructType	横断面类型	0，表示道路； 1，表示桥梁； 2，表示隧道
Struct_id	Double	编号	
Station	Double	桩号	
X	Double	坐标 X	
Y	Double	坐标 Y	
Fix	Double	前进方向	
Height	Double	高度	
Left	HRoadDefine	左边横断面	
Right	HRoadDefine	右边横断面	
parts	List（of HRoadPart）	横断面要素	

§7.4 三维道路模型构建技术

三维道路模型的构建更多关注的是道路及其构造物和地形的地表部分，由于道路模型最终将和地表构成一个整体，所以道路模型与地表模型的无缝接合是真三维道路模型构建的重中之重。因此，在真三维道路模型构建时要实时判断道路边缘与附近地表是否相交。另一方面，道路线是圆滑的曲线，在真三维道路模型构建时要考虑到这一点，适当采用必要的插值算法，用多段线逼近曲线。另外，真三维道路模型是由许多的面对象连接而成的。对于不同的区域，不同的道路，其周边环境是不同的。在模型上，体现在面片纹理的不同。构建真三维道路模型时，交通附属设施如桥梁、隧道口等都可以使用独立的三维模型来表达。

7.4.1 道路路基构建

路基指的是按照路线位置和一定技术要求修筑的作为路面基础的带状构造物，是用土或石料修筑而成的。路基承受着本身的岩土自重和路面重力，以及由路面传递而来的行车载荷，是整个道路构造的重要组成部分。如图 7.27 所示，道路路基可包括中央分隔带、行车道、路肩、边坡、边沟、截水沟、排水沟、护坡道等。

道路路基模型是整个道路模型的主体部分，是由相邻横断面线上的断面特征点组成的长方型面片相连接而成的。

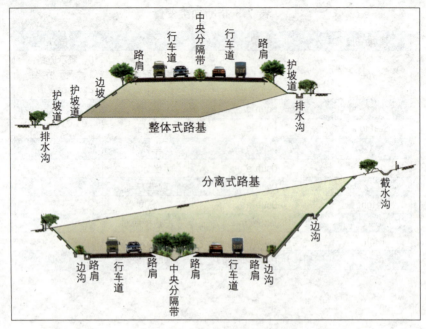

图 7.27　道路路基组成示意图

　　在平面线形的基础上增加纵断面设计高度信息,可以生成带高程的道路中心线。道路横断面数据经过道路中心线上具有大地坐标的道路中心点的平移改正后,归化到大地坐标系下,利用横断面上各特征点相对于路中桩点的平距和高差,得到其三维大地坐标,形成道路的断面特征点数据。

7.4.2　道路路面构建

　　路面,是指用筑路材料铺在路基顶面,供车辆直接在其表面行驶的一层或多层的道路结构层。路面按设计要求和取材的原则,可用不同材料分层铺筑。低、中级路面一般结构层次较少,通常包括面层、基层、垫层等层次;高级路面结构层次较多,一般包括面层、联结层、基层、底基层、垫层等层次。但一般直接同大气和行车相接触的层次只有面层。

　　道路路面模型的构建主要是用模型来模拟面层,达到可视化效果。在道路横断面设计线上,断面特征点将道路横断面设计线划分为中间分隔带线、行车道线、硬路肩线、土路肩线等线段。由于在实际的道路上,中间分隔带、行车道、硬路肩、土路肩等道路要素的面层所使用的材质不同,故道路路面模型的构建过程中不同类型的道路要素模型要映射不同的纹理图片,每相邻两个横断面之间的道路路面模型上,不同的道路要素要用不同的多边形表示,如图 7.28 所示,$E'E$ 是道路的中心线,A、B、C、D、E、F、G、H、I 是道路路面一个横断面上的断面特征点,

A'、B'、C'、D'、E'、F'、G'、H'、I' 是道路路面另一个相邻横断面上的断面特征点，其中 DEE'D'，EFF'E' 分别是道路路面的左右中间分隔带，CDD'C'，FGG'F' 分别是道路路面的左右行车道，BCC'B'，GHH'G' 分别是道路路面的左右硬路肩，ABB'A'，HII'H' 分别是道路路面的左右土路肩。

以上断面特征点可按不同的道路要素划分为不同的类，并将所有断面特征点存储在这些类中，以方便程序自动调用和进行纹理映射。

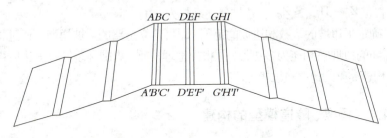

图 7.28　相邻横断要素模型

7.4.3　道路边坡构建

道路边坡即道路路基的路堤和路堑，需要根据道路路基的横断面组成和设计规范、原则要求来确定道路路堤和路堑组成，其中路堑还需要设置水沟。道路边坡模型的构建是道路路基建模的一部分，要根据道路横断面设计的边坡脚线和地面线的交点，确定填挖边界。

图 7.29 中的 P_L 和 P_R 点为道路路面左右侧的边界点，通过边界点的高程与垂直方向地面点的高程之间的关系来确定路基两侧的填挖情况，即确定是路堤还是路堑。

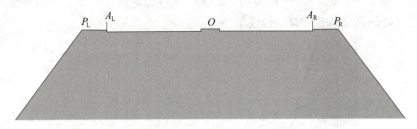

图 7.29　横断面坐标点示意

以路基左侧 P_L 点为例，设其高程为 Z_{P_L}，Z_{G_L} 为获取的地面点高程，则：如果 $Z_{P_L} < Z_{G_L}$，为挖方，即为路堑或隧道；如果 $Z_{P_L} > Z_{G_L}$，为填方，即为路堤或桥梁；如果 $Z_{P_L} = Z_{G_L}$，说明路基边缘正好与地面相交，没有填挖情况，即为路面与地面相平。

确定好填挖以后，利用横断面设计的标准边坡样式逐里程桩地进行计算，采用迭代的方法，判断代表边坡的线段与地面线的相交情况，直到与地面线相交为止。以填方为例，迭代算法具体步骤如下：

计算第1级边坡，设最大高度为H_1，路基边界点高程为Z_P，计算对应地面点高程Z_G。如果$Z_P-H_1=Z_G$，则只需设置第1级边坡，边坡高度为H_1；如果$Z_P-H_1<Z_G$，则只需设置第1级边坡，边坡高度为Z_P-Z_G；如果$Z_P-H_1>Z_G$，则计算出第1级边坡点位置、高程Z_{P_1}、对应地面点高程Z_{G_1}，并由第2级边坡最大高度H_2出发，依据以上方法计算，直至$Z_{G_i}-H_{i+1} \leqslant Z_{G_L}$。边坡最终级数为$i+1$。

以上确定了边坡的级数和边坡的范围，即可建立道路的边坡模型。通过将相邻两个横断面间的边坡点相连为多边形，并根据地理位置、周围环境等映射边坡相应的纹理，从而构建完整的道路边坡模型。

7.4.4 桥梁、隧道模型的构建

桥梁、隧道是道路的主要构造物。桥梁、隧道模型的构建也是道路三维模型构建的重要部分。桥梁、隧道建模之前，应在纵断面设计时确定桥梁起终点位置、隧道进出口位置并在横断面设计时确定梁身和洞身的断面，然后才能在相应位置构建桥隧模型。

1. 桥梁模型的构建

桥梁三维模型主要包括桥墩、桥台、箱梁、锥形坡等三维模型。

对于桥梁墩、台的三维模型构建，最重要的一点就是计算桥墩、台的高度。可首先利用道路纵断面、桥梁墩、台的位置和数字地面模型计算出桥墩正下方地面的高程，桥面与该高程值之间的差值即为该处桥墩的高度。然后根据台的形状及墩的断面，即可构造出桥墩、台的三维模型。每一座桥梁的每个桥墩、台的高度基本上都是不一样的，如图7.30所示，这就需要计算每个桥墩、台的高度，然后再根据该处的高度构建桥墩、台模型。

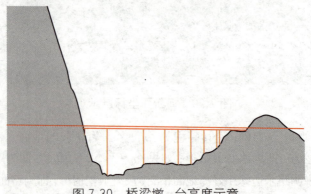

图7.30 桥梁墩、台高度示意

对于箱梁模型，它是桥梁模型中梁模型的一种，可利用道路横断面路面的宽度作为箱梁的宽度，并给予一定厚度值，从而构建箱梁模型。

对于锥形坡模型，它在平面上的投影为一椭圆，其轴的长度为桥台的高度，另一轴的长度即为桥尾填方的水平投影，锥形坡体高为桥台的高，依此即可构建出桥头锥形坡的三维模型。

2. 隧道模型的构建

隧道模型包括隧道内部、隧道洞门、洞口仰坡、洞口边坡模型等。其中隧道内部模型和隧道洞门模型是隧道模型的主要构成，而洞口仰坡模型、洞口边坡模型可依据隧道洞口处的地形环境不同可有可无。

隧道内部模型是根据横断面设计的结果，在隧道的起止桩号之间路段的路面上"戴统一的帽子"而得到的。这里"统一的帽子"是由矩形多边形两两相连接而成的。

隧道洞门是连接隧道和路基的建筑物，是隧道的门墙，具有支持山体，稳定边坡并承受该处地层上压力的作用，还能够起到美化隧道的作用。所以洞门模型的构建是隧道模型构建中非常重要的一部分。隧道洞门形式多种多样，根据地形将洞门分为洞口环框式、端墙式、翼墙式、株式、台阶式、斜交式、喇叭口式等类型。根据工程特点又可分为削竹式、城堡式、欧式等风格。一座隧道采用什么形式的洞门，应结合隧道所处的地理位置、地形地貌情况、洞口场地的宽阔程度来确定，总之要求协调统一。

以端墙式洞门为例，洞门模型的构建可按以下步骤进行：首先按照横断面模板编辑时设计的隧道内部轮廓，提取隧道入口（出口）桩号处的隧道内部轮廓控制点；然后利用这些轮廓点，依此连接成多边形面；最后沿隧道前进方向的反方向将绘制的多边形面拉伸出一定厚度，由面构成体，为了美观，并符合当地山体地形、环境，还要进行相应的纹理映射，最终形成隧道洞门模型。

以上隧道洞门模型的构建是系统自动完成的，除此之外，还可以利用3ds MAX等三维建模工具建好隧道洞门模型，然后利用系统的道路美化功能将模型直接插入到相应的隧道洞口。

隧道洞门仰坡是从隧道顶（明暗交界里程）沿掘进方向按照一定坡度开始直至地面线的坡面，是为加固隧道洞门顶部地形而设置的。对于隧道洞门仰坡的三维模型，其具体做法是顺线路纵向沿线路中线及路基边缘"戴帽子"，得到仰坡上缘的三点，如图 7.31 中的 B、C、D 三点，再沿隧道左右侧边坡面与仰坡面的交线 AF 和 EG"戴帽子"，得到仰坡与边坡上缘的交点 A、E 两点，连接 A、B、C、D、E 五点即得隧道仰坡的边缘线，由此边缘线即可构成仰坡多边形，再映射相应的纹理即可得到洞口仰坡模型。

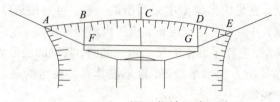

图 7.31 洞口仰坡示意

洞口边坡指明洞段路面两侧做成的具有一定坡度的坡面,是为加固洞口两侧地形而设置的。洞口边坡模型的构建步骤同道路边坡模型的构建。

7.4.5 道路整体模型构建

1、道路整体模型构建

（1）弯道处理

利用前面路基建模的方法,将相邻横断面直接构建多个路段的模型。在整体建模的时候,需要将这些路段连接起来构成一个整体。道路中心线并非总是直线条,还有一些具有一定曲率的平滑过度的曲线。所以,在道路拐弯处曲线部分容易产生较大折角,如图 7.32 所示,A、B、C 为相邻的横断面模型,P_1 和 P_3 为 A、B 交点,P_2 和 P_4 为 B、C 交点,由于 P_1P_2 间为曲线段,所以 P_1、P_2 的折角较大。为了生成任意曲率的道路弯道,采用增加横断面要素多边形模型节点的方法拟合扇形 $P_1P_2P_3$,设 Vertices 数组为横断面要素模型多边形的顶点数组,将 P_1、P_2、P_3、P_4 点加入到 Vertices 数组中。具体方法如下:

1）判断相邻横断面的道路中心点是否在平面线形曲线段上。如果不在,计算出 P_1P_3 与 P_2P_4 两者的交点；如果在,则转入第二步。

2）依据相邻横断面的道路中心点的平面线形切线方向,求出曲线段拐角方向,确定路基哪一侧为曲线,并计算出圆心角 α。

3）依据 α 及横断面宽度（P_1P_3 的长度）,来计算拟合 P_1P_2 曲线的这线段数 n。并将计算出的各个拟合点加入到 Vertices 数组中。

4）利用 Vertices 数组中的点创建横断面要素模型多边形。

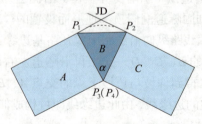

图 7.32 弯道处理

（2）对地形的修改

三维道路模型的特征表现为：道路的中心纵截面轴线随地形起伏，周围地形经过一定的填挖处理（路面位于地表以下则挖，路面位于地表以上则填）与道路无缝连接。所以将道路与地形两个三维模型进行无缝的拼合是建立地形与道路整体三维模型的关键所在，也是道路三维建模的难点。这里将重点建立道路模型整体构建对地形模型的修改。

建立整体三维模型实质上是线路三维模型和地形三维模型的叠加。这种叠加可以采用部分地形点重新构网的办法进行处理。具体步骤是确定道路封闭区域、确定道路封闭区域边界与地形的交点、剔除地形数据点和记录三角网数据、重新构网生成与道路无缝结合的地形场景模型。

1）确定道路封闭区域。道路封闭区域指从道路起点到线路终点左右两侧边坡的坡脚点之间的连线，构成一个封闭区域。但由于桥梁、隧道的存在，会打破这个封闭区域，使道路分割成多个封闭区域，和两个不封闭的区域。这两个不封闭的区域一是桥梁下方，除桥头下方护坡与地形有交点外，桥墩对地形的整体性不构成破坏。二是隧道处，除隧道洞门处与地形有交点外，隧道内部与地形没有交点，对地形的整体性不构成破坏。

道路封闭区域的确定方法如下。

桥隧：即道路的起始端是桥隧，则继续前进，直到桥隧终点；与桥梁起点处下方的护坡线构成一个封闭区域，或与隧道进口洞门构成一个封闭区域，结束当前封闭区域的记录。

边坡：记录每段边坡左右两侧的边坡脚点（即边坡与地形的交点），作为封闭区域的数据点。

2）确定道路封闭区域边界与地形的交点。在构建道路整体模型之前，首先要计算出道路封闭区域边界与地形的交点。利用已构建好的三角网数字高程模型，可以方便地内插横断面地面线，在地面线的基础上，进行道路横断面设计。因此，确定道路封闭区域边界与地形的交点，实际上是求道路横断面设计线与地形三角网的交点。需要注意的是，由于三角网地形变化是在三角形的边上，所以地面线的获取不应该按人工给定间距插值，而应该按横断面线与三角网的交点插值。首先给出内插宽度，按下式计算出最外侧地面点平面坐标：

$$\left.\begin{aligned} X_i^1 &= X_i + W_{\mathrm{ID}} \cdot \sin(\beta_i + \pi/2) \\ Y_i^1 &= Y_i + W_{\mathrm{ID}} \cdot \cos(\beta_i + \pi/2) \end{aligned}\right\} \tag{7.25}$$

式中，(X_i, Y_i) 为中桩平面坐标；β_i 为中桩处切线方位角，W_{ID} 为指定内插宽，当计算右侧地面点时，$W_{\mathrm{ID}} > 0$，计算左侧时地面点，$W_{\mathrm{ID}} < 0$。然后，依据计算出的地面点坐标 (X_i^1, Y_i^1) 与中桩坐标 (X_i, Y_i) 可建立横断面线的直线方程，由该直线与三

角网边的交点确定横断面地面线的测点位置和高程，此交点即为道路封闭边界与地形的交点。

如图 7.33（a）所示，给定线路中心线上 O 点，OA 为线路法线方向，OA 长为给定地面线内插宽，则 OA 段地面线应内插出 OA 与三角网各三角形边的交点 b,c,d,e,f,g。图 7.33（b）为横断面设计边界与地面线的交点示意，P 点即为所求。

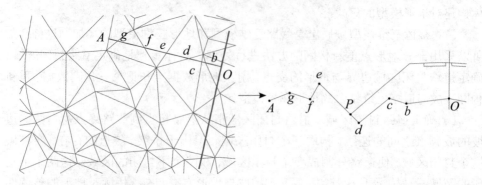

（a）获取地面线内插点　　　　　（b）横断面设计边界与地面线的交点

图 7.33　道路封闭区域与地形交点

3）剔除地形数据点和记录三角网数据。利用已经找到的道路封闭区域边界所有控制点，可以很方便地将区域内部的数据点剔除。为了实现对地形的动态修改，满足道路选线时，可能需要恢复地形的要求，还需要将剔除掉的这些地形点保存下来，当恢复地形时，直接将道路模型删除，并在这个区域用这些点重新参与构建三角网。

4）重新构网生成与道路无缝结合的地形场景模型。所用到的地形块采用德洛奈（Delaunay）的方法重新构建三角网。该算法核心在于对地形数据库中与路基有叠加的地形块重新构网，其他大部分区域无需修改。通过实际应用验证，该算法可以快速完成对地形数据库的修改，地形模型和道路模型可以达到很好的融合，道路整体模型构建效果良好。

2. 道路模型纹理库

完整的道路由不同的部分组合而成，各个组成部分的填充物是不一样的，所以在构建模型时所用到的纹理也不同。这就要对道路各组成部分的纹理作统一的管理，同时方便任意选择相应的纹理，构建不同的道路三维模型。纹理库主要包括：边坡纹理、路肩纹理、行车道纹理、中央分隔带纹理、桥梁护坡面纹理、隧道内墙纹理、隧道洞门纹理、排水沟纹理等。隧道纹理存放示例如图 7.34 所示。

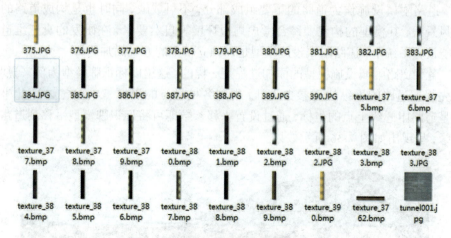

图 7.34　隧道内墙纹理

　　该系统为纹理的管理和使用构建了道路模型纹理数据库，主要分为路面纹理、边坡纹理、桥梁纹理、隧道纹理四类，每类再进行进一步的分解。此数据库按不同的类构建不同的文件夹，存放不同的纹理数据。如图 7.35 所示的是隧道内墙纹理的管理和使用示例。

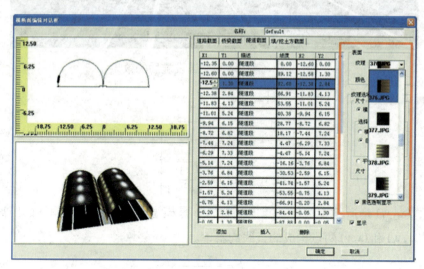

图 7.35　隧道内墙纹理的使用

7.4.6　道路附属设施的构建

　　道路附属设施主要指和道路相关的排水、安全、防护、监控、通信、收费、绿化、服务、管理、照明、消防、通风等设施以及渡口码头、交叉道口、苗圃菜地、界桩、测桩、里程碑等。

道路附属设施作为道路的重要组成部分，不可或缺，同时也是构成道路的一道风景线，其模型的构建要综合考虑周边环境等自然要素，在研发的真三维道路智能设计系统中，道路附属设施模型是以独立模型的方式添加的。

各种道路附属设施模型的添加过程是一样的。这里以标识牌模型为例来说明。首先根据道路的平纵横三参数设计，得到各桩号点的坐标（X、Y、Z），此坐标正是道路中心线上点的坐标，通过设置平移参数即可将标识牌模型平移到道路的边缘，呈现出如图 7.36 所示效果。

图 7.36　道路增加附属设施后的效果

标识牌模型插入点坐标的计算公式如下：

$$\left.\begin{array}{l} x = x_1 \pm s\sqrt{\dfrac{1}{k^2+1}} \\[3mm] y = y_i \pm k \cdot s\sqrt{\dfrac{1}{k^2+1}} \end{array}\right\}$$

(7.25)

式中，(x_1, y_1) 是道路中线上一点的坐标，s 是模型在道路上水平偏移的距离，k 是由 (x_1, y_1) 和 (x, y) 两点构成的直线的斜率。

$$k = -\frac{x_2 - x_1}{y_2 - y_1}$$

(7.26)

式中，(x_1, y_1) 同上；(x_2, y_2) 是沿着道路前进方向上与 (x_1, y_1) 相邻的另一道路中线点坐标。

由于道路附属设施模型较多，所以道路附属设施模型的管理也是真三维道路智能设计系统的一个重要组成部分。构建道路附属设施模型数据库，统一对模型进行管理，可以实现对附属设施模型的入库保存、编辑、删除、查找、单个添加、

批量添加等功能。图 7.37 是针对研发的真三维道路智能设计系统中对道路附属设施模型的管理和添加界面。

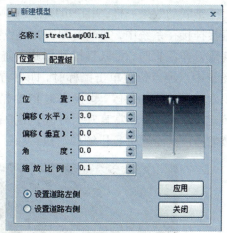

（a）道路附属设施模型库　　　　　　　（b）附属设施模型的添加

图 7.37　道路附属设施模型库操作

如图 7.38 所示，在生成三维道路模型的基础上，通过人机交互，选择预建道路，设定起始点、行车速度、视点高度、行车车道等模拟驾驶参数，可以生成一个由一系列道路点组成的数组。然后将该数组中一系列的点位置循环设定为视点位置，即可给人在道路上行车的感觉。通过该项功能，用户可以体验预建道路的周围环境，达到直观的道路环境评价的目的。

图 7.38　模拟驾驶

7.4.7　系统展示

利用研发的真三维道路智能设计系统，用户可以直接作演示汇报之用。与二三维联动效果一样，用户可以将 PPT（PowerPoint 文件格式）等相关汇报材料直接挂接在系统中，并设定相应的热点链接。系统与 PPT 并不是分离的，当用户向观众作汇报时，可以直接利用此系统，一边作演示，一边用 PPT 讲解。用户在场景中兴趣点位置单击鼠标时，即可看到相应的信息介绍，同时，当遇到需要向观众展示效果的时候，直接点击 PPT 相关位置，就能够将屏幕切换到三维系统的特定位置，效果非常直观。此外，用户还可以人工编辑 PPT 汇报目录，使之能够按着自己的意愿进行讲解和汇报，如图 7.39 所示。

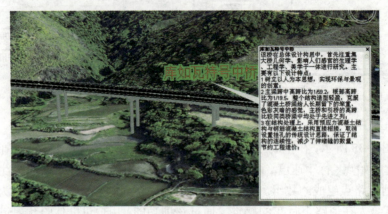

图 7.39　系统的演示汇报功能

后 记

国家高新技术研究发展计划中有关信息获取与处理技术的主题，在"数字地球"概念未出现之前的 1991 年，就已经开始支持新型的以高效率为主要目标的"三维信息获取与实时处理技术"项目，经过 9 年的努力，先后完成了线扫描和圆扫描两种方式的机载"原理样机"。其中，圆扫描方式的机载"原理样机"已达到 1∶1 万比例尺专用全数字地图的定位精度。这项拥有自主知识产权，申请了国家发明专利的高校三维遥感集成技术系统先后经过多次飞行试验，验证了性能指标。

在"十一五"期间，国家"863"计划在地球观测与导航技术高技术领域，又专门立项研究激光雷达数据处理的关键技术，希望开发出国际领先的并具有自主知识产权的激光雷达数据处理软件系统，同时具有飞行控制和数据收集、点云滤波分类、专业应用三大核心功能，开发出基础测绘、数字城市、森林资源等核心应用数据处理系统。系统有望在数据自动化处理程度、分类精度和易操作性方面处于国际领先地位。具体可实现：一次性读取并处理超过 100 MB 大小的文件，管理 PB 级的数据库；与图像进行无缝融合；支持美国摄影测量和遥感学会激光雷达数据交换格式标准（LAS）；支持通用文本格式（ASCII）；兼容通用的 CAD 和 GIS 软件平台，能够对 ArcGIS、AutoCAD 等通用软件系统的文件转入输出；支持矢量和栅格数据及相互转换；系统稳定性好，用户界面友好，系统模块化，具有开发性和可扩展性。

多种传感器的集成应用，是遥感技术发展的重要趋势。将 LiDAR 设备、高光谱设备和 SAR 等设备集中在一个平台上，进行数据采集的实验已经获得了不错的结果。今后的努力方向是，根据作业目标的需要，选择合适的探测器，对目标的几何、物理等特性进行多角度的探测，能够为用户提供更全面的信息，为通过定量目标地物特征信息提取，实现空间数据自动化分析等应用打了基础。未来激光扫描技术将朝以下几个方面发展。

第一，开拓新的机载激光雷达测量应用。随着机载激光雷达测量技术的不断成熟和数据处理算法的不断完善，机载激光雷达测量技术的应用领域会越来越广，将主要表现在利用机载激光雷达测量数据建立 3D 城市模型，利用机载激光雷达测量系统进行森林资源的管理和评估，建立大范围高精度的数字地面模型，紧急灾害事件的快速响应，带状地形测绘，通信线路管理，水滨地带测绘，滑坡灾害测绘，变化检测等。

第二，多源数据的智能化融合处理。目前，即在激光雷达测量硬件较为成熟，而数据处理算法相对滞后的状况下，单一依靠机载激光雷达测量数据进行地物提取还有相当长的路要走，特别是结果的可靠性和准确性还有待提高。如果能融合影像数据、多光谱数据、地面已知的 GIS 数据等相互补充，充分利用各自的优势，则有望取得满意的效果。当然，数据源越多，处理算法就越复杂，难度就越大。

第三，多传感器的高度集成。机载激光雷达测量不仅可以同 CCD 和多光谱传感器等集成在一起，还可以集成航空重力仪，利用重力测量观测值可计算大地水准面，与此同时，机载激光雷达测量仪能够提供大地高，有望解决卫星雷达对近海岸及岛礁附近测高精度不高的缺陷，还可作为一种重要的辅助数据源。

随着条件成熟，可在我国开发自己的机载激光雷达测量硬件系统；开展高精度的 GPS/INS 组和定测姿技术的研究，组织开发相关数据后处理软件，包括 GPS/INS 组和定位导航测姿定位的后处理模块、机载激光扫描对地定位的自动化处理模块、数据滤波分类、地物提取、三维重建模块等；建立飞行试验基地，包括机载激光雷达测量系统的校验场等。

对于机载激光雷达测量技术，目前可预期到的发展趋势将表现在以下方面。

第一，调整脉冲重复频率和分辨率来调整地面激光脚点的大小和间距，利用低空直升飞机平台为特殊应用提供更为详尽的地面信息；通过提升航高，扩大覆盖范围，进一步改善系统的绝对定位精度；通过对回波信号的严密电子分析，获取地面激光脚点的额外地表特征信息。

第二，在数据处理方面还具有很大的发展空间，主要是智能滤波和数据压缩。对非直接获取的目标和要素，通过更为复杂的目标建模，提取更加完整的信息，如地貌结构、景观建模、城市模型、环境动态变化监测或数据的融合处理等。

第三，与其他技术的集成成为地理信息获取领域中非常经济有效的方法，配备数字相机，实现几何描述数据与数字图像数据的高度自动融合，进行目标识别和地物提取，主要可用于城市建模；数字式激光与图像数据的综合，实现与摄影测量的有效融合，形成高度综合且完整的多用途系统；实现通用多传感器、多数据源的完全融合。

多源激光雷达技术作为一项新技术，在许多领域的应用还刚刚起步，特别是在工程建设领域，应用还不够深入。如何充分利用机载激光雷达技术成果，服务于公路建设是摆在我们面前的一项重要课题。

就公路勘察设计而言，多源激光雷达技术应用已经取得了初步的成果。针对公路勘察设计周期短、任务重的特点，机载激光雷达能够快速提供成果产品，大大缩短工程周期，减少人员设备的投入；针对公路高精度的勘察设计要求，机载激光雷达能够提供丰富、准确的信息；针对既有线提速上线作业困难等问题，机载激光雷达技术的非接触测量也体现了较大的优势，需要更加深入的研究；针对森林茂密的地区，机载激光雷达的波形分解技术能够提供更多的细节，对于减小森林的破坏程度、降低勘测任务难度都有重要的意义。

可见，多源激光雷达技术是基础地形数据获取的理想手段，该技术的广泛应用可以有效保证勘察设计的质量和工期，减少资源投入和排放，节省大量能源，推动公路勘察设计技术进步，其应用前景十分广阔，可贯穿应用于公路建设管理的各个阶段，服务于公路现代化建设事业。

参考文献

陈楚江 .2004. 基于地球空间信息技术的新型公路勘察设计中的关键问题研究 [D]. 武汉大学 .

陈建, 刘仁义, 刘南 .2005. 多源遥感影像的系统集成研究 [J]. 计算机应用研究, 10:145-147.

陈鹏, 刘仁义, 黄韦艮 .2010.SAR 图像复合分布船只检测模型 [J]. 遥感学报 (3):546-557.

戴技才, 刘南, 刘仁义 .2003.OO4O 对 Oracle 9i Spatial 的空间数据访问及管理 [J]. 计算 机应用研究, 20(6):39-40.

戴文晗 .2002. 遥感与 3S 技术开发及在公路勘察设计中的应用 [C]. 第一届全国公路科技 创新高层论坛论文集: 新技术新材料与新设备卷 .

戴文晗, 魏清, 戴磊 .2001. 遥感技术在公路勘察设计中的应用 [J]. 地球信息科学 ,3(3):50-53,42.

邓爱民 .2011. 车载激光扫描点云数据流处理抽稀方法研究 [D]. 西南交通大学 .

邓非, 杨海关, 李丽英 .2009. 基于互信息的 LiDAR 与光学影像配准方法 [J]. 测绘科学, 34(6):51-52.

邓非, 张祖勋, 张剑清 .2007. 利用激光扫描和数码相机进行古建筑三维重建研究 [J]. 测 绘科学, 32(2):29-30.

邓非, 张祖勋, 张剑清 .2007. 一种激光扫描数据与数码照片的配准方法 [J]. 武汉大学学报: 信息科学版, 32(4):290-292.

杜海燕 .2008.DEM 在公路勘察设计中的应用研究 [D]. 长安大学 .

高锡章, 刘南, 刘仁义 .2003.GIS 支持下的防洪堤规划研究 [J]. 水利水电技术, 34(11):82-84.

高锡章, 刘南, 刘仁义 .2003. 基于 GIS 技术的县市级防汛信息系统 [J]. 自然灾害学报, 12(4):155-159.

管海燕, 邓非, 张剑清, 等 .2009. 面向对象的航空影像与 LiDAR 数据融合分类 [J]. 武汉大 学学报: 信息科学版, 34(7):830-833.

管海燕, 张剑清, 邓非, 等 .2008. 基于扫描线的城区机载激光扫描数据滤波算法研究 [J]. 测绘通报 (12):9-13.

郭力, 刘晓东, 张熙 .2011.LiDAR 数据预处理中两种差分解算方法的研究 [J]. 中外公路, 31(6):56-58.

韩友续 .2008.3S 技术在高等级公路勘察设计中的应用 [J]. 公路交通科技: 应用技术版 (1):58-60.

黄超, 李书 .2011. 基于 TIN 的 LiDAR 地面点云数据简化方法研究 [J]. 人民长江, 42(22):92-95.

黄励鑫, 王丽园 .2009. 机载激光雷达技术在困难复杂地区公路勘察设计中的应用 [J]. 交 通科技 (1):59-61.

贾蓉, 刘春 .2009. 基于机载 LiDAR 点云数据的复杂城市区域数字地面模型提取 [J]. 遥 感信息 (5):3-7.

贾云得 .2000. 机器视觉 [M]. 北京: 科学出版社 .

姜小俊, 刘仁义, 刘南 等 .2009. 强潮地区海底管线状态检测方法研究——杭州湾海底管线 状态检测 [J]. 浙江大学学报: 工学版 (9):1739-1742.

靖常峰，刘仁义，刘南.2005.大数据量遥感图像处理系统算法模块的设计及实现［J］.浙江大学学报：理学版，32(4):471-474.

李必军，方志祥，任娟.2003.从激光扫描数据中进行建筑物特征提取研究［J］.武汉大学学报：信息科学版，28(1):65-70.

李峰，余志伟，董前林等.2011.车载激光点云数据精度的提高方法［J］.科技情报开发与经济，21(9):123-125.

李海亮，邓非，李刚.2010.摄影测量激光点云空洞修补［J］.测绘科学，35(5):101-102.

李华，李淑琴，王锦萍.2005.利用数字摄影测量系统与遥感手段高效获取4D产品的技术［J］.城市勘测(2):34-36.

李鹏，沈正康，王敏.2006.IGS精密星历的误差分析［J］.大地测量与地球动力学，26(3):40-45.

李树楷.1991.遥感图像对地定位研究［M］.北京：测绘出版社.

李树楷.2003.遥感时空信息集成技术及其应用［M］.北京：科学出版社.

李树楷，薛永祺.2000.高效三维遥感集成技术系统［M］.北京：科学出版社.

李英成，文沃根，王伟.2002.快速获取地面三维数据的LiDAR技术系统［J］.长江大学学报：医学卷(4):35-38.

李永强，吴立新，刘会云.2010.基于车载LiDAR数据的建筑物灾情应急测量方法与技术探讨［C］.

李征航，刘志赵.1996.利用GPS定位技术进行大坝变形观测的研究［J］.武汉水利电力大学学报(29):26-29.

刘春，陆春.2005.三维激光扫描数据的压缩与地形采样［J］.遥感信息(2):6-10.

刘南，刘仁义，苏国中.2000.中国地理信息系统（GIS）的现状及特点［J］.地球信息科学(2):20-24.

刘南，刘仁义.2000.基于MapXtrem的互联网地理信息系统开发与实现［J］.浙江大学学报：理学版，27(5):573-577.

刘宁.2011.车载LiDAR航迹解算精度提高方法研究［D］.河南理工大学.

刘仁义.2000.城市空间数据基础设施（CSDI）技术框架研究［J］.浙江大学学报：理学版，27(5):583-588.

刘仁义，刘南.2000.一种新型的网络级城镇地籍管理系统设计及实现［J］.浙江大学学报：理学版，27(5):578-582.

刘仁义，刘南.2001.基态修正时空数据模型的扩展及在土地产权产籍系统中的实现［J］.测绘学报，30(2):168-172.

刘仁义，刘南.2001.基于GIS的复杂地形洪水淹没区计算方法［J］.地理学报，56(1):1-6.

刘仁义，刘南.2001.一种基于数字高程模型DEM的淹没区灾害评估方法［J］.中国图象图形学报，6(2):118-122.

刘仁义，刘南.2002.基于GIS技术的水利防灾信息系统研究［J］.自然灾害学报，11(1):62-67.

刘仁义，刘南 .2002. 基于 GIS 技术的淹没区确定方法及虚拟现实表达 [J]. 浙江大学学报：
  理学版，29(5):573-578.

刘仁义，刘南，苏国中 .2000. 图形数据与关系数据库的结合及其应用 [J]. 测绘学报，
  29(4):329-333.

刘仁义，苏国中 .2000. 基于 RDBMS 的空间数据管理模型及在土地产权产籍系统中的实
  现 [J]. 中国图象图形学报：A 辑 (10):825-829.

刘仁义，朱焱 .2001.WebGIS 技术信息查询系统开发及实现 [J]. 计算机应用研究，
  18(3):102-104.

刘硕 .2010. 基于 POS 系统的航空摄影测量试验研究 [D]. 昆明理工大学 .

陆丽珍，刘仁义，刘南 .2004. 一种融合颜色和纹理特征的遥感图像检索方法 [J]. 中国图
  象图形学报：A 辑，9(3):328-333.

吕献林 .2009. 多源数据辅助机载 LiDAR 数据生成 DEM 方法研究 [D]. 武汉：中国地质大学 .

马立广 .2005. 地面三维激光扫描测量技术研究 [D]. 武汉：武汉大学 .

明洋，陈楚江 .2010. 无地面控制 Worldview 卫星影像测量在公路勘察设计中的应用 [J].
  交通科技 (B07):15-17.

钮晓鹏，刘仁义，刘南 .2005.ARGO 遥感数据结构分析及快速读取方法 [J]. 计算机应用
  研究，22(1):120-121.

沈林芳，刘仁义，刘南 .2005. 基于 SDEAPI 的影像数据高效存储研究[J]. 计算机应用研究，
  22(2):24-25.

史长鳌，周园，刘秀格，等 .2007. 基于 LiDAR 数据融合的数码城市三维重建 [J]. 河北工
  程大学学报：自然科学版，24(2):81-83.

史文中，李必军，李清泉 .2005. 基于投影点密度的车载激光扫描距离图像分割方法 [J].
  测绘学报，34(2):95-100.

舒宁 .2005. 激光成像 [M]. 武汉：武汉大学出版社 .

唐远彬，张丰，刘仁义，等 .2011. 一种维护线状地物基本单元属性逻辑一致性的平差方
  法 [J]. 武汉大学学报：信息科学版，36(7):853-856.

王国锋，王小忠，许振辉，等 .2011. 真三维道路智能设计系统及其应用 [J]. 公路 (3):151-156.

王国锋，许振辉，周伟 .2011.LiDAR 数据在公路测设中的精度改善技术研究[J]. 公路 (3):165-167.

王国锋，许振辉 .2011. 机载激光扫描技术在公路测设中的应用研究 [J]. 公路 (3):156-160.

王积分，张新荣 .1988. 计算机图像识别 [M]. 北京：中国铁道出版社 .

王继平 .2011. 机载激光雷达测量技术在公路勘察设计中的应用研究 [J]. 科学之友 (20):1-3.

王劲松，陈正阳，梁光华 .2009.GPS 一机多天线公路高边坡实时监测系统研究 [J]. 岩土
  力学，30(5):1532-1536.

王茜，王辉 .2010. 数字化地形图在公路勘察设计中的应用 [J]. 今日科苑 (12):188-188.

王刃 .2008. 机载 LiDAR 数据滤波与建筑物提取技术研究[D]. 郑州：解放军信息工程大学 .

王润生 .1995. 图像理解［M］.长沙：国防科技大学出版社 .

王永平 .2006. 机载 LIDAR 数据处理及林业三维信息提取研究［D］.北京：中国测绘科学研究院硕士论文 .

王云平 .2007. 遥感解译在京承高速公路勘察设计中的应用［J］.公路 (7):148-151.

邬建耀，林思立 .2007. 机载 LiDAR 数据快速滤波方法［J］.测绘技术装备，9(3):3-5.

吴典文 .2011. 吉茶高速公路勘察设计［J］.中外公路，31(4):1-5.

吴明先 .2002. 公路勘测设计技术应用现状与发展展望［J］.公路 (8):100-102.

谢炯，刘仁义，刘南，等 .2005. 国际海洋环境资源信息采集 (ARGO) 及处理系统［J］.浙江大学学报：理学版，32(4):459-463.

徐景中，万幼川，张圣望 .2008.LiDAR 地面点云的简化方法研究［J］.测绘信息与工程，33(1).

许金良，石飞荣，杨宏志等 .2004. 基于计算机仿真的公路安全设计方法[J].中国公路学报，17(2):1-5.

闫利，张毅 .2007. 基于法向量模糊聚类的道路面点云数据滤波［J］.武汉大学学报：信息科学版，32(12):1119-1122.

杨槟 .2009. 地面 LiDAR 影像数据的配准技术研究［D］.南京：南京理工大学 .

杨玲，刘春，吴杭彬，等 .2009. 顾及矢量特征的机载 LiDAR 点云数据压缩方法［J］.地理与地理信息科学，25(4):25.

杨晓锋，薛兆元，李海泉 .2011. 地面 LiDAR 在文物测量建模中的应用［J］.测绘与空间地理信息，34(2):73-74.

尹天鹤，张丰，刘仁义，等 .2009. 一种基于航迹线文件的声纳图像裂缝处理方法［J］.武汉大学学报：信息科学版，34(8):898-901.

尤红建，刘少创，刘彤，等 .2000. 机载三维成像仪数据的快速处理技术［J］.武汉测绘科技大学学报，25(6):526-530.

于长亮 .2001. 公路软土地基勘察方法与评价［J］.岩土工程界，4(7): 33-34.

袁小祥，王晓青，窦爱霞，等 .2012. 基于地面 LiDAR 玉树地震地表破裂的三维建模分析[J].地震地质，34(1).

袁修孝 .2007. 当代航空摄影测量加密的几种方法［J］.武汉大学学报：信息科学版，32(11):1001-1006.

袁修孝，李德仁 .1995.GPS 辅助航摄仪内方位元素的测定［J］.测绘学报，24(3):192-196.

张熙，刘晓东，孙伟，等 .2011. 车载激光扫描技术在西藏公路改扩建中的应用［J］.公路交通科技：应用技术版 (10):155-157.

张小红 .2002. 机载激光扫描测高数据滤波及地物提取［D］.武汉：武汉大学 .

张小红 .2007. 机载激光雷达测量技术理论与方法［M］.武汉：武汉大学出版社 .

张熠斌，隋立春，曲佳，等 .2009. 基于数学形态学算法的机载 LiDAR 点云数据快速滤波[J].测绘通报 (5):16-18.

张志超 .2010. 融合机载与地面 LIDAR 数据的建筑物三维重建研究［D］.武汉：武汉大学 .

张祖勋，张剑清 .1997. 数字摄影测量学［M］. 武汉：武汉大学出版社 .

赵煦，周克勤，闫利，等 .2008. 基于激光点云的大型文物景观三维重建方法［J］. 武汉大学学报：信息科学版，33(7):684−687.

郑德华，雷伟刚 .2003. 地面三维激光影像扫描测量技术［J］. 铁路航测 (2):26−28.

郑景凡 .2008. 山区高速公路勘察设计中的关键技术问题［J］. 公路与汽运 (5):48−50.

周杰 .2010. 单频 GPS 接收机在城市道路测量中的应用［J］. 城市勘测 (1):79−80.

周淑芳 .2007. 基于机载 LiDAR 与航空相片的单木树高提取研究［D］. 哈尔滨：东北林业大学 .

朱政，刘仁义，刘南 .2003.Img 图像数据格式分析及超大数据量快速读取方法［J］. 计算机应用研究，20(8):60−61.

祖为国，邓非，梁经勇 .2008. 海量三维 GIS 数据可视化系统的实现研究［J］. 测绘通报 (7):39−40.

ALHARTHY A, BETHEL J. 2002. Heuristic filtering and 3D feature extraction from LiDAR data[J]. International archives of photogrammetry remote sensing and spatial information sciences, 34(3/A): 29−34.

ANTONARAKIS A, RICHARDS K S, BRASINGTON J. 2008. Object−based land cover classification using airborne LiDAR[J].Remote sensing of environment, 112(6): 2988−2998.

ARRELL K, WISE S, WOOD J, et al. 2008. Spectral filtering as a method of visualising and removing striped artefacts in digital elevation data[J]. Earth surface processes and landforms, 33(6): 943−961.

BALTSAVIAS E P. 1999. A comparison between photogrammetry and laser scanning[J]. ISPRS Journal of photogrammetry and remote sensing, 54(2): 83−94.

BLACKBURN G A. 2002.Remote sensing of forest pigments using airborne imaging spectrometer and LiDAR imagery[J]. Remote sensing of environment, 82(2): 311−321.

BRANDTBERG T, WARNER T A , LANDENBERGER R E, et al. 2003.Detection and analysis of individual leaf−off tree crowns in small footprint, high sampling density LiDAR data from the eastern deciduous forest in North America[J]. Remote sensing of environment, 85(3): 290−303.

BRENNAN R, WEBSTER T. 2006.Object−oriented land cover classification of LiDAR−derived surfaces[J]. Canadian journal of remote sensing, 32(2): 162−172.

DALPONTE M, BRUZZONE L, GIANELLE D. 2008.Fusion of hyperspectral and LiDAR remote sensing data for classification of complex forest areas[J]. Geoscience and remote sensing, IEEE transaactions on, 46(5): 1416−1427.

DENG F, MAO S, NIE Q, et al.2010. TSS strict sensor model and its stable solution[C].Second IITA international conference on geoscience and remote sensing, Qingdao: IEEE, 2:459−462.

DENG F, LI S M, SU G. 2007. Mutual information based registration of LiDAR and optical images[C].Proceedings of SPIE, the international society for optical engineering, Nanjing:SPIE, 6752(2): 1-8.

DING X, CHEN Y, HUANG D, et al. 2000.Columns-innovation: slope monitoring using GPS——a multi-antenna approach[J]. GPS world, 11(3): 52-55.

DROSOS V, FARMAKIS D. 2006. Airborne laser scanning and DTM generation[C].Proceedings of the 2006 NAVO international conference on sustainable management and development of mountainous and island areas, Greece: IEEE, 206-218

DU Z, LIU R., LIU N, et al.2008. A new method for ship detection in SAR imagery based on combinatorial PNN model[C].First international conference on intelligent networks and intelligent system, Wuhan:IEEE, 531-534.

EL-OMARI S, MOSELHI O. 2008.Integrating 3D laser scanning and photogrammetry for progress measurement of construction work[J]. Automation in construction, 18(1): 1-9.

FANG W, FAZHI H, FEI D. 2010. A mechanism of data organization and dynamic scheduling for 3D urban landscape[C].2nd international workshop on intelligent systems and applications, Wuhan:IEEE, 1-4.

FLOOD M. 2001.LiDAR activities and research priorities in the commercial sector[J]. International archives of photogrammetry remote sensing and spatial information sciences, 34(3/W4): 3-8.

FLOOD M. 2004.American society for photogrammetry and remote sensing guidelines-vertical accuracy reporting for Lidar Data[J]. ASPRS, Bethesda, Maryland.

Forward T, Stewart M., Penna N, et al. 2001. Steep wall monitoring using switched antenna arrays and permanent GPS networks[C].Proceedings of the 10th FIG international symposium on deformation mesurements.

GEERLING G, LABRADOR-GARCIA M, CLEVERS J, et al. 2007.Classification of floodplain vegetation by data fusion of spectral (CASI) and LiDAR data[J]. International journal of remote sensing, 28(19): 4263-4284.

GINANI L, MOTTA J.M.S.T. 2007. A laser scanning system for 3D modeling of industrial objects based on computer vision[C].Proceedings of 19th international congress of mechanical engineering, Brasfla, University of Brasfla, 3:604-612.

GLENN N, SPAETE L, SANKEY T, et al. 2011.Errors in LiDAR-derived shrub height and crown area on sloped terrain[J]. Journal of arid environments, 75(4): 377-382.

GONÇALVES-SECO L, MIRANDA D, CRECENTE F, et al. 2006. Digital terrain model generation using airborne LiDAR in a forested area Galicia, Spain[C]. Citeseer.

GREJNER-BRZEZINSKA D A, KASHANI I, WIELGOSZ P. 2005.On accuracy and reliability of instantaneous network RTK as a function of network geometry, station separation, and data processing strategy[J]. GPS solutions, 9(3): 212−225.

HABIB A, GHANMA M, MITISHITA E, et al.2005. Image georeferencing using LiDAR data[C].International geoscience and remote sensing symposium, Seoul: IEEE, 2:1158−1161.

HABIB A, GHANMA M, MORGAN M, et al. 2005.Photogrammetric and LiDAR data registration using linear features[J]. Photogrammetric engineering and remote sensing, 71(6): 699−707.

HILL J, SZEWCZYK R, WOO A, et al. 2000.System architecture directions for networked sensors[J]. ACM Sigplan Notices, 35(11): 93−104.

HOPKINSON C, HAYASHI M, PEDDLE D. 2009.Comparing alpine watershed attributes from LiDAR, photogrammetric, and contour−based digital elevation models[J]. Hydrological processes, 23(3): 451−463.

KOETZ B, MORSDORF F, VAN DER LINDEN S, et al. 2008.Multi−source land cover classification for forest fire management based on imaging spectrometry and LiDAR data[J]. Forest ecology and management, 256(3): 263−271.

KRAUS K, PFEIFER N. 2001.Advanced DTM generation from LIDAR data[J]. International archives of photogrammetry remote sensing and spatial information sciences, 34(3/W4): 23−30.

LESNIEWSKI R, LINK F. 1969.A complementary MOS spacecraft data handling system[C].International telemetering conference, Washington D.C., International foundation for telemetering: 72−77.

LIU X, ZHANG Z, PETERSON J, et al. 2007.LiDAR−derived high quality ground control information and DEM for image orthorectification[J]. GeoInformatica, 11(1): 37−53.

LLOYD C, ATKINSON P. 2002.Deriving DSMs from LiDAR data with kriging[J]. International journal of remote sensing, 23(12): 2519−2524.

MA R. 2005.DEM generation and building detection from lidar data[J]. Photogrammetric engineering and remote sensing, 71(7): 847−854.

MA R.2004.Building model reconstruction from lidar data and aerial photographs[D].The Ohio state university.

MADHAVAN B B, WANG C, TANAHASHI H, et al. 2006.A computer vision based approach for 3D building modelling of airborne laser scanner DSM data[J]. Computers, Environment and urban systems, 30(1): 54−77.

MANANDHAR D, SHIBASAKI R. 2001. Vehicle−borne laser mapping system (VLMS) for 3−D GIS[C].International geoscience and remote sensing symposium, Sydney: IEEE(5): 2073−2075.

MARTINEC E J. 1989. Algebraic geometry and effective Lagrangians[J]. Physics letters B,

217(4): 431−437.

MILLER E, MILLER R. 1956.Physical theory for capillary flow phenomena[J]. Journal of applied physics, 27(4): 324−332.

MITISHITA E, HABIB A, CENTENO J, et al. 2008.Photogrammetric and lidar data integration using the centroid of a rectangular roof as a control point[J]. The Photogrammetric record, 23(121): 19−35.

MOFFIET T, MENGERSEN K, WITTE C, et al. 2005.Airborne laser scanning: Exploratory data analysis indicates potential variables for classification of individual trees or forest stands according to species[J]. ISPRS journal of photogrammetry and remote sensing, 59(5): 289−309.

MORIN K W. 2002.Calibration of airborne laser scanners[D]. University of Calgary, Calgary, Canada.

MUNDT J T, STREUTKER D R, GLENN N F,. 2006.Mapping sagebrush distribution using fusion of hyperspectral and lidar classifications[J]. Photogrammetric engineering and remote sensing, 72(1): 47.

PRIESTNALL G, JAAFAR J, DUNCAN A. 2000.Extracting urban features from LiDAR digital surface models[J]. Computers, environment and urban systems, 24(2): 65−78.

SCHENK T, CSATHÓ B. 2002.Fusion of LiDAR data and aerial imagery for a more complete surface description[J]. International archives of photogrammetry remote sensing and spatial information sciences, 34(3/A): 310−317.

SITHOLE G, VOSSELMAN G. 2004.Experimental comparison of filter algorithms for bare−Earth extraction from airborne laser scanning point clouds[J]. ISPRS journal of photogrammetry and remote sensing, 59(1): 85−101.

SOHN G, DOWMAN I. 2007.Data fusion of high−resolution satellite imagery and LiDAR data for automatic building extraction[J]. ISPRS journal of photogrammetry and remote sensing, 62(1): 43−63.

STREUTKER D R, GLENN N F. 2006.LiDAR measurement of sagebrush steppe vegetation heights[J]. Remote sensing of environment, 102(1): 135−145.

SUÁREZ J C, ONTIVEROS C, SMITH S, et al. 2005.Use of airborne LiDAR and aerial photography in the estimation of individual tree heights in forestry[J]. Computers & geosciences, 31(2): 253−262.

THOMA D, DOLLIVER H, KESSLER A, et al. 2012.Lidar quantification of bank erosion in blue earth county, Minnesota[J]. Journal of environmental quality, 41(1): 197−207.

WICHIENCHAROEN C. 1982.The indirect effects on the computation of geoid undulations[D].Ohio State University, Ohio, American.

YAN L, LI Z. 2010. Registration of multi-resolution point clouds from terrestrial laser scanners[C]. 18th international conference on geoinformatics, Beijing: IEEE, 1−6.

YAN L, XIE H, ZHAO Z. 2010. A new method of cylinder reconstruction based on unorganized point cloud[C].18th international conference on geoinformatics, Beijing: IEEE, 1−5.

ZHANG K, CHEN S C, WHITMAN D, et al. 2003.A progressive morphological filter for removing nonground measurements from airborne LiDAR data[J]. Geoscience and remote sensing, IEEE transactions on, 41(4): 872−882.